高等学校规划教材

工业产品造型设计

东北大学 刘 涛 主编

北 京

冶金工业出版社

2010

内 容 提 要

本书主要介绍了工业产品设计的概念与特征,工业产品造型设计的基本原理,工业产品设计的程序与方法,工业产品设计表达,工业产品模型制作,工业产品造型的创新设计,工业产品设计在企业中的运用等知识,注重培养学生的开拓创新意识,掌握工业产品造型设计的基础理论与知识,了解造型设计的形成、发展与相关学科的关系,以适应市场经济社会对专业人才的需求。

本书为高等学校工学、艺术、文学及经济管理等专业教材,也可供有关专业的设计人员和工程技术人员参考。

图书在版编目(CIP)数据

工业产品造型设计/刘涛主编 . —北京:冶金工业出版社,2008.3 (2010.1 重印)
高等学校规划教材
ISBN 978-7-5024-4506-5

Ⅰ. 工… Ⅱ. 刘… Ⅲ. 工业产品—造型设计
Ⅳ. TB472

中国版本图书馆 CIP 数据核字 (2008) 第 033699 号

出 版 人 曹胜利
地　　址 北京北河沿大街嵩祝院北巷 39 号,邮编 100009
电　　话 (010)64027926 电子信箱 postmaster@ cnmip. com. cn
责任编辑 宋 良 美术编辑 李 新 版式设计 张 青
责任校对 侯 珃 责任印制 李玉山
ISBN 978-7-5024-4506-5
北京兴顺印刷厂印刷;冶金工业出版社发行;各地新华书店经销
2008 年 3 月第 1 版,2010 年 1 月第 2 次印刷
787mm×1092mm 1/16;9.25 印张;242 千字;136 页;3001-5000 册
25.00 元

冶金工业出版社发行部　电话:**(010) 64044283**　传真:**(010) 64027893**
冶金书店　地址:北京东四西大街 46 号(100711)　电话:**(010)65289081**
(本书如有印装质量问题,本社发行部负责退换)

前　言

　　工业化生产的不断发展，极大地推动了工业设计教育和工业设计水平的提高。我国的工业设计虽起步较晚，但现在正以开拓创新的思维方式，走向工业时代的未来，其作用越来越被人们所重视。它已进入工业、商业、建筑、环境、经济等多个领域。一个成功的工业产品设计，必须具有设计的综合创新能力因素的思考，包括技术、经济、艺术、实用、社会等方面的判断能力，尽可能地使工业产品与人-机-环境的关系相协调。工业产品造型设计不同于其他工程设计，它在充分考虑产品设计的功能、结构、材料、加工等因素的同时，还需充分考虑产品与社会，社会与市场以及产品和人的心理、生理等各种要素。它又不同于一般的艺术设计，因为它在强调工业产品造型艺术性的同时，还须强调艺术性与生产性相统一的市场经济价值，使工业产品造型设计尽可能地给社会带来实用、美观、经济的产品需求，满足人们的物质需求和精神享受。

　　目前，我国工业设计专业的培养目标就是全面推行素质教育，拓宽专业知识面，增强学生的创新能力和设计表现力，以适应社会的需要，来满足国家工业设计领域的快速发展。

　　本书是供艺术、工学、经济管理及文学等相关专业学生使用的教材，通过对工业产品造型设计的理论、过程和方法的了解，使学生掌握艺术与技术、设计与工程的相互关系，启发创造性思维，培养设计意识，并以视觉化语言表达说明设计内容，将专业知识与设计观念有机地结合起来，以适应社会的需求。

　　本书由东北大学刘涛主编，参加编写工作的有东北大学的杨松、王峰、周森、亓骁、王莹、高敏、严培培、张庆华、葛文彬，沈阳建筑大学马广韬，辽宁石油化工大学的郜红合、李静，沈阳化工学院的李霞、曲业华。在编写过程中，参考了有关作者的文献成果，得到了东北大学教务处的大力支持，在此一并致谢。限于编者水平，书中有不足之处，诚请读者批评指正。

编　者

2008 年 1 月

目　　录

1 工业产品设计的概念与特征

在七八千年前，人类的生产活动出现了第一次社会分工，从采集、渔猎过渡到了以农业为基础的经济生活。这一时期，人类发明了制陶和炼铜的方法。这是人类最早通过化学变化用人工方法将一种物质改变成另一种物质的创造性活动。随着新型材料的出现，各种生活用品和工具也不断被创造出来，以满足社会发展的需要。这些都为人类设计开辟了新的广泛领域，使人类的设计活动日益丰富并走向手工艺设计的新阶段。

手工艺设计阶段从原始社会后期开始，经过奴隶社会、封建社会一直延续到工业革命前。在数千年漫长的发展历程中，人类创造了光辉灿烂的手工艺设计文明，各地区、各民族都形成了具有鲜明特色的设计传统。在设计的各个领域，如建筑、金属制品、陶瓷、家具、装饰、交通工具等方面，都留下了无数的杰作。这些丰富的设计文化成果，正是我们今天工业设计发展的重要源泉。

随着工业革命的到来，开始出现了批量生产的现代化大工业生产和激烈的市场竞争，从而结束了一直以传统的手工艺生产为主的时代。这样也就促使传统手工艺设计向工业设计转变。并且随着工业设计从萌芽到现在的成熟，已经形成了一套完整的工业设计文化，工业设计对社会发展的重要性也逐渐被社会各界人士所认识。

1.1 工业产品设计的概念

工业设计是属于对工业产品的功能、产品结构外观以及使用环境等进行规划设计，不断创新的专业。其核心是以"人"为中心，设计创造的成果——广义上的产品，要能充分适应并满足使用者的需求。工业设计与产品设计从范畴上来讲是包含与被包含的关系，工业设计的内容十分广泛，通常来讲，它包括产品设计、视觉传达设计和环境艺术设计，是技术与艺术的结合体。而我们通常所说的产品设计，一般指工业产品设计。本章节主要讲工业设计的一个主要方面——工业产品设计。要想理解工业产品设计的概念，我们首先要了解下面几个概念。

1.1.1 工业

工业（industry）指从事自然资源的开采，对采掘品和农产品进行加工和再加工的物质生产部门。具体包括：1）对自然资源的开采，如采矿、晒盐、森林采伐等（但不包括禽兽捕猎和水产捕捞）；2）对农副产品的加工、再加工，如粮油加工、食品加工、轧花、缫丝、纺织、制革等；3）对采掘品的加工、再加工，如冶金、化工生产、石油加工、机器制造、木材加工等，以及电力、自来水、煤气的生产和供应等；4）对工业产品的修理、翻新，如机器设备的修理、交通运输工具的修理等。

1.1.2 产品

产品（product）即劳动产品的简称，为人们有目的的生产劳动所创造，能满足人们某种需要的物质用品。产品属永恒的经济范畴，存在于任何社会形态。按其用途划分，产品可分为生产资料和消费资料，在不同的生产力水平下，产品的品种、性能、质量等也会不同，并且随着生产力的发展而发生变化。比如现代社会人们消费的物品，如家用电器等，在奴隶社会、封建社会就没有，因为当时社会生产力的水平较低。产品在消费中才能最后完成，没有消费，产品就不能被最终证实。在科学技术飞速发展的今天，产品的发展日新月异、突飞猛进，产品更新换代的速度更是令人吃惊。以前的产品更新速度一般以年为单位，现代的某些产品，则以周为单位来计算。

1.1.3　设计

设计（design），最简单的定义就是一种"有目的的创作行为"。设计就是在确定一个模糊的方向和目标时，应用灵感构思出渐渐接近你所向往的方向和目标的东西。字义上可分为：设——就是设想、假设和不断地推敲，从中求得正确的方向；计——就是应用你的灵感和知识，利用数据得出你所期望的目标。设计是一门独立的艺术学科，它的研究内容和服务对象有别于传统的艺术门类。以下是世界上一些著名设计师从不同的角度对"设计"的看法：

（1）设计就是创新。如果缺少发明，设计就失去了价值；如果缺少创造，产品就失去了生命。——刘东利（香港）

设计是追求新的可能。——武藏野（日本）

（2）设计就是经济效益。面临世界贸易全球化发展，如果缺少工业设计在工业产品领域中的必要作用，中国的经济损失是不可估量的。——林衍堂（香港理工大学）

（3）设计就是文化。纷乱与混沌掩盖着秩序，彷徨与矛盾孕育着机会，忧虑与理想蕴藏着哲学，思想与探索需要观念的更新和方法机制的科学。伊甸园的宁静被破坏了，南天门中闯入了孙悟空。然而追求实现理想的工业设计师们应投身到这个大潮中，在这个不可回避的"存在"之中，既要思考，也要实践，这才是我们的职责所在。——柳冠中（中国工业设计协会）

（4）设计就是协同。作为设计师本身，更重要的是具备自身的素质和知识结构及群体设计意识，也就是用立体知识结构与相邻科学协同设计研究的意识。——俞军海（蜻蜓工业设计公司总经理）

工业设计是满足人类物质需求和心理欲望的富于想像力的开发活动。设计不是个人的表现，设计师的任务不是保持现状，而是设法改变它。——亚瑟·普洛斯（ICSID 前主席）

从以上对设计的描述中可以看出，设计的核心是一种创造行为，一种解决问题的过程，其区别于其他艺术门类的主要特征之一便是独创性。因此我们可以这样认为：设计的第一要素就是有新意，设计要求新、求异、求变、求不同，否则设计就不能称之为设计。而这个"新"则有着不同的层次，它可以是改良性的，也可以是创造性的。

1.1.4　工业产品

工业产品（industrial products）是指借助机械设备等通过批量化大生产的方法制造出来的物质用品，是通过精确计算进行设计，并以工业化生产方式进行批量生产的规格化、标准化的产品。它必须同时具备科学性、艺术性和实用性。一般来说，不具备以上特征的产品不属于工业产品。我们平时生活中用到的各种工具和家电以及企业里使用的设备都属于工业产品，它有别于手工艺设计和工艺美术设计（图1-1、图1-2）。

图 1-1 沈阳机床 VM850 立式加工中心

图 1-2 米克朗 HSM400 加工中心

1.1.5 工业设计

工业设计是一个外来语，由英语 Industrial Design 直译而来，在我国曾被称为工艺美术设计、产品造型设计、产品设计等，近年统一称为"工业设计"。它有广义和狭义之分。

（1）广义：1970 年，国际工业设计协会 ICSID（International Council of Societies of Industrial Design）为工业设计下了一个完整的定义："工业设计，是一种根据产业状况以决定制作物品之适应特质的创造活动。适应物品特质，不单指物品的结构，而是兼顾使用者和生产者双方的观点，使抽象的概念系统化，完成统一而具体化的物品形象，意即着眼于根本的结构与机能间的相互关系，其根据工业生产的条件扩大了人类环境的局面。"

（2）狭义：1980 年，国际工业设计协会联合会为工业设计下的定义为：对批量生产的工业产品而言，凭借训练、技术、经验及视觉感受，赋予产品以材料、结构、形态、色彩、表面加工以及装饰以新的质量和性能。当需要工业设计师对产品的包装、宣传、市场开发等方面开展工作，并付出自己的技术知识和经验时，也属于工业设计的范畴。工业设计的核心是产品设计。

批量生产的工业产品，无论是日常生活消费品还是生产资料，都属于工业设计的范畴。如日用陶瓷、玻璃器皿、文具、家具、各类家用电器、机床、医疗器械、计算机、自行车、摩托车、汽车、火车、飞机、轮船、建筑物及其内外装饰等。

工业设计是工业现代化和市场竞争的必然产物，其设计对象是以工业化方法批量生产的产品，工业设计对现代人类生活有着巨大的影响，同时又受制于生产与生活的现实水平。

工业设计过程可分为收集和选择信息、选择产品目标、构思产品形象、制定研究开发计划、产品具体设计这几个阶段。工业设计不仅涉及到一系列传统学科，如材料力学、结构力学、强度理论等，还涉及到许多新兴学科，如人机工程、价值工程、仿生学、设计美学等。现在计算机辅助设计（CAD）已成为现代工业设计的最重要的手段。

本书所讲的工业产品设计（product design），有时又叫做工业产品造型设计，即狭义的工业设计。它是一门以工业产品为主要设计对象的综合性学科。它是作为一种新的产品设计观和方法论而兴起和存在的，它探讨如何应用各种先进技术，达到产品的科学与艺术的高度统一，在现代工业产品的开发和更新换代中，寻求实现人-机-环境的和谐、统一的设计思想和方法。其目的在于更新和开发具有时代感的现代工业产品，以满足社会生产和人们的物质和精神的需要。工业产品造型设计研究的对象是工业产品。

工业产品设计要注意遵循以下原则：实用性原则、创新性原则、美观性原则、经济性原则、合理性原则、环保性原则。这些原则是精神功能与物质功能的完美结合。

1.2　工业产品设计的特征

工业产品设计，是创造具有实用功能的产品，不仅要求以其形象所具有的功能适应人们工作的需要，提供给人们使用功能，而且要求以其形象表现的式样、形态、风格、气氛给人以美的感觉和艺术的享受，起到美化生产、生活环境，满足人们审美要求的作用，因而成为具有精神和物质两种功能的产品。

工业产品设计的本质内涵重在物质功能和使用者的精神情感以及人和物相互作用的研究。它以不断变化的使用者的需求为起点，以积极的势态探求改变人的生存方式的设计。所以，工业产品设计不是单纯的美术设计，更不是纯粹的造型艺术、美的艺术。它是科学、技术、艺术、经济融合的产物，是从实用和美的综合观点出发，在科学技术、社会、经济、文化、艺术、资源、价值观等的约束下，通过市场交流而为人服务的。

工业产品设计是当代人、自然、社会的有机协调的科学方法论。其实质是以最优化的设计策划来创造人类自身更合理的生存方式。它的重要任务是设计物与人相关功能的最优化。按人类需求去开发新设计、新的工作系统和改善人的劳动和生活环境。

由此可见，工业产品造型设计有着以下三个显著的特征，即实用性、科学性和艺术性。

1.2.1　实用性特征及要求

实用是指工业产品适宜于人们的使用，并必须具备整体完善的功能，不仅体现为技术功能和工艺性能，而且包括产品的物质功能和精神功能的满足。使用方式的合理性是否能根据人们的需求而与其环境相适应，产品的合理使用方式要求设计合乎客观规律，功能和形式要合乎人的生理和心理特征。只有正确协调了人与产品的关系，研究和解决了产品功能与形式相对人的各种关系的最优化性，才能使人更准确、快速、有效、舒适地使用产品。

例如，计算机键盘是人们为了操作计算机而使用的工具，那么键盘的使用就应便于人们的操作，方便快捷，使其更好地发挥产品总体功能效果。只有充分合理地考虑了使用方式，才能设计出具有使用价值的产品（图1-3）。

再好的一件工业产品，如果失去了实用这个基本的物理属性，那么它将是一个

图 1-3　罗技键盘

废品。产品的实用性主要是指工业产品必须具备先进和完善的多种功能，并保证产品物质功能得到最大限度的发挥。工业产品是科学技术与文化艺术的完美结合，只有在实用的基础上，才能充分发挥产品的各种功能属性。

1.2.2　科学性特征及要求

工业产品设计的基础是科学技术，离开科学技术就谈不上工业产品设计。科学技术的每一

次飞跃、每一项成果，都为工业产品设计提供了新的动力、新的手段与新的内容，为工业产品设计开拓了新的领域。

科学性特征体现先进加工手段的工艺美，反映大工业自动化生产及科学性的严格和精确美，标志力学、材料学、机构学新成就的结构美，在不牺牲使用者和生产者利益的前提下，努力降低产品成本创造最高的附加值。它区别于手工业时期单件制作的手工艺品。它要求必须将设计与制造、销售与制造加以分离，实行严格的劳动分工，以适应高效的批量化生产。

工业产品设计是以高新技术为基础，通过精心设计，推动科技转变为生产力，从而不断提升产品竞争力。工业产品设计是科学技术转变为生产力的载体，只有通过此途径才能推动科学技术的发展，反过来，科学技术的发展，又推动了工业产品设计的进步。

科学技术的发展程度决定了工业设计的发展水平。科学技术的发展，产生了新的生产工艺、生产条件，随之而来的新材料也不断拓展工业产品设计的新风格、新款式。这必将丰富人们的生活，改变消费观念，促进产品设计的不断发展。

1.2.3 艺术性特征与要求

工业产品设计是自然科学、社会科学和艺术美学的结合。工业产品造型本身就是一种造型艺术，它和其他艺术一样是通过一定的形式手段，以其艺术形象来反映一定的思想内容和社会现象，以一种艺术的感染力来满足人们的审美需求，对人产生精神功能的作用，体现产品的精神功能特征。

艺术性特征是指产品的造型美观，应用美学法则创造具有形体美、色彩美、材料美和符合时代审美观念的新颖产品，体现人、产品与环境的整体和谐美。

艺术与生产的结合，从古至今一直存在着，只是不同时期所强调的艺术体现的方面不同而已。工业革命以前，产品的艺术性主要表现为产品外表的精雕细刻上，基本上还属于工艺品，展示、欣赏性比较强。工业革命后，人们主要是利用先进的技术生产出来的产品与人类的文化和生活环境相协调，利用先进工艺、先进材料制作出形式各异的新产品，既满足了产品自身功能的体现，又美化了环境，提高人们的生活质量。

所以，我们所说的工业产品的艺术性，不同于一般的艺术作品，它既具有艺术欣赏性，又具有实用性，是技术与艺术的完美结合。

2 工业产品造型设计的基本原理

工业产品造型设计，是创造具有实用功能的造型的产品，要求以新颖的造型适应产品的功能需要，适应人们工作和生活的需要。工业产品造型设计的本源内涵重在物质功能和人的情感以及人和物相互作用的研究之上。它以不断变化的人的需求为起点，以积极的势态探求改变人的生存方式的设计。所以，工业产品造型设计不是单纯的美术设计，它是科学、技术、艺术、经济的结合体，它是从实用和艺术的综合角度出发，体现在科学技术、社会、经济、文化、艺术、资源、价值观等的约束下，通过一定的媒介为人类服务的。

2.1 工业产品造型的构成要素

工业产品造型设计需要通过许多技术条件来实现，需要通过各种设计理念和方法来组织和安排造型设计工作，以形成一个完美的外观造型。影响产品造型的因素有很多，一般来讲，主要包括形态、色彩、材质三个方面。

2.1.1 形态的构成要素

任何设计最终都将物化为形态，工业产品是以形态的方式存在的。工业产品的形态是人们认识、使用产品的根本。

用简单的术语来说，形态是由一种物质或结构的外表所提供的因素。形态作为形式要素之一，是形式的基础，也是造型艺术即产品设计借以表达思想感情、传递信息以及满足人们的视觉评价、使用需求的重要媒介之一。

按照形态学的划分原则，一般将形态分为两类：一类是几何学中的不能直接知觉的概念性（理论）形态；另一类是可以通过视觉、触觉等直接感受的像自然和器物那样的现实形态。前者是纯粹抽象化了的形态，又称抽象形态或纯粹形态，后者主要是指自然界中的自然形态和人为形态。工业产品都属于人为形态，都是为了满足人们的特定物质、精神需要而创造出来的形态。在人为形态中又可分为内在形态和外观形态两种。内在形态是外在形态的基础，主要通过产品特有的属性、使用材料、合理结构、加工工艺等综合设计来实现的。相同的工业产品应用不同的材料、不同的结构、不同的加工工艺来生产制造，可产生不同的外观形式。所以，产品的内在形态直接影响着产品的外观形态。外观形态是指直接呈现于人们面前，给人们提供不同感性直观的形象。同一功能技术指标的产品，外观形态的好坏往往直接影响着消费者的购买取向，影响着产品的市场竞争力。从某种程度上来讲，产品外观形态可以决定一个企业的生死存亡。那么，作为工业产品设计主要的研究内容之一，就是要在满足产品功能技术指标的前提下，使产品具有一个美的形态，吸引消费者，使其更具市场竞争力。

好的工业产品的外观形态，可以使消费者在获得产品的使用功能的同时，能够得到美的享受，可以提高欣赏和美感水平，享受产品自身带来的除了物理功能以外的东西。这里谈到的好的产品外观形态，实际上就涉及到了产品的形态美体现。产品的形态美是产品造型设计的核心，它的基本美学特点和规律，概括起来，主要包括统一与变化、尺度与比例、均衡与稳定、形式美感、视错觉的应用等，综合应用这些造型规律，通过点、线、面、色彩、肌理等造型设计语言来表现的一种形式，并通过材料、结构、工艺加以实现，就可以获得一个内在形态与外观形态完美结合的产品。

另外，作为始终以物质的实质性形态而展现的产品，应从物质形象上不断地表现着新时代的活力。开拓产品形态，不仅要从产品的功能上、形式上开展，还应体现时代脉搏的跳动。

总之，在设计一件产品外观造型时，首先要以人们对自然形态和人为形态的感知来确定产品雏形，以形式美法则和技术美要求完善产品形态，以物质技术手段加工成产品，最后是以市场竞争力和使用效能来衡量其优劣。也就是说，设计之初，应该着重考虑产品形态的构成要素，研究消费者对形态的认知程度和时代发展状况，以创造出更能符合人们需求的好的产品形态来。

2.1.2 色彩的构成要素

众所周知，当一个物体在我们眼前移动时，我们首先感觉到的是它的色彩，其次是形态，最后才是质感。即视神经对于产品造型的三个基本要素（色彩、形态、质感）是按色彩→形态→质感的关系依次感知的。但人们往往只看到产品的形态，而忽视了色彩与质感。实际上，对于产品的三个基本要素来说，它们三者都不是孤立存在的，是有着必然联系的。它们之间是相互联系、相互影响、相互作用的，缺少任一要素，都不能完整地体现一个产品的内在与外在形象。

色彩能美化产品和环境，满足人们的审美要求，提高产品的外观质量，增强产品的市场竞争力。合理的色彩设计，能对人的生理、心理产生良好的影响，克服精神疲劳，心情舒畅，精力集中，降低差错，

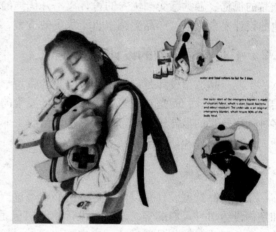

图 2-1 2006 红点设计至尊奖

提高效率（图 2-1）。工业产品的色彩设计，总的要求是使产品的物质功能，使用环境与人们的心理产生统一、协调的感觉。在色彩设计时，通过色彩显示产品功能是色彩设计的首要任务。

2.1.3 材质的构成要素

产品造型的因素除了形态、色彩之外，还有材质的应用。产品造型是由形态、色彩、材料、结构、工艺等因素构成的。因此，在产品造型处理上，要体现构成产品的材料本身所特有的合理的美学因素，体现材料运用的科学性和生产工艺的先进性，求得外观造型中形、色、质的完美统一。

在造型设计过程中，材质的合理运用，材质的质地美能够完美体现，不仅是现代工业生产中科技、自然和人文社会的体现，也是现代审美观念的积极反应。传统手工业制作的产品往往只注意产品的精雕细刻上，注重它的工艺效果。现代的大工业生产应使产品的材质应用与产品的功能恰如其分的结合，体现产品的功能、形态与材质的完美统一（图 2-2）。

时代在发展，科学技术水平也在不断地提升，新材料、新工艺也不断产生。这就要求我们要时刻关注事物发展的新动向，随时了解不同的加工工艺对不断更新的材料的处理方式，给各类材料充分发挥其质的美提供了可能性，用最简单的方法解决最复杂的问题。这就是说材质的使用要力求吻合材质的加工工艺。喷砂、氧化、电镀等处理材质的加工工艺，使材质本身产生了形态肌理的多样化，丰富了产品造型，这些都是真实的、合理的，因而也是美的。所以说，材质的美感还有赖于材质细致精湛的加工工艺。

图 2-2　英特尔公司布制材料笔记本

总之，材质的美感在产品设计中有着重要作用，直接影响着产品的艺术风格和人对产品的视觉、触觉感受。优秀的设计离不开优美的材质，但这不是说材质的美感可以凌驾于其他的设计要素之上，产品美感来自于优美的造型，是产品形态、色彩、材质的和谐搭配。

2.2　工业产品造型的设计要素

工业产品造型设计是一门多学科交叉的新型学科。产品造型设计活动并不是单一的形态和结构的造型设计，而是涉及多方面造型设计要素的设计。只有综合众多要素的设计，才能得到多种构成要素的最佳组合状态的产品造型。对工业产品造型设计直接产生影响的要素，主要包括人、技术条件和环境等方面。

2.2.1　人的要素

工业产品造型设计是以消费者为中心，通过产品设计决定人们的使用方式，通过视觉传达和室内设计引导人们的美的享受。设计的不仅仅是一件产品，更是一种爱的行为、爱的转化。这种爱的行为和转化是通过产品来实现的。

工业产品造型设计活动的最终目的是为了满足人的需求。这里的需求包括人的生理需求、心理需求，这就需要对所设计的产品造型进行人机分析。一般来讲，主要是对人体尺寸参数、人的机械力学参数、人的信息传递能力、人的可靠性及作业适应性来进行研究分析。总之，人的要素包括的内容比较广，在进行产品造型设计时，要对"人的要素"的各个方面作综合分析，合理选择各种设计所需参数，达到满足人的需求的目的。

2.2.2　技术物质条件要素

产品功能的实现和造型的确立，要靠正确选择构成产品的材料。没有材料，设计就成了纸上谈兵。选择不合适的材料，也会因不能实现功能而失败。赋予材料以特定的造型乃至功能的则是各种制造技术、工艺和设备，我们称这些为"物质技术条件"。它是构成产品造型设计的一个重要要素。要想更好地进行产品设计，工业设计师就必须掌握各种材料的性能和特点，懂得适应各种造型特点的各种材料的结构、加工工艺等，使设计与用材恰当配合。

2.2.3　环境要素

环境要素包含的内容十分广泛，无论在地面、在高空或在地下作业，人们都面临种种不同的环境条件，它们直接或间接地影响着人们的工作、系统的运行，甚至影响人的安全。一般情况下，影响人们作业的环境因素主要有以下几种：

（1）物理环境。主要有照明、噪声、温度、湿度、振动、辐射、粉尘、气压、重力、磁场等。

（2）化学环境。主要指化学有毒气体、粉尘、水质以及生物性有害气体、粉尘、水质等。

（3）心理环境。主要指作业空间（如厂房大小、操作空间大小、设备布局等），美感因素（如产品的形态、色彩、装饰等）。此外，还有人际关系等社会环境对人心理状态构成的影响。

2.3　工业产品造型设计的原则

工业产品造型设计活动是理性与感性相结合的创造性活动，既受科技、艺术的制约，又受经济条件的制约。工业产品造型设计不是纯艺术创作，而是在理性指导下，合理地应用科学技术、实用艺术为消费者创造高价值的产品，改变人们的生活方式。这就要求在设计产品造型的活动时要遵循一定的原则。工业产品造型设计的基本原则主要包括创新、美观、可行、合理、经济等。

2.3.1　创新原则

创新是产品造型设计的灵魂。创新可以包括功能创新、结构创新、造型创新、使用方式创新等多方面。设计本身就是人类为改造自然和社会而进行构思和计划，并将这种构思和计划通过一定的具体手段得以实现的创造活动。创新设计为产品带来新的生命力，是使产品价值产生质的飞跃的决定性因素。尤其在激烈的市场竞争中，创新性设计是产品取得竞争优势的重要因素之一。因此，不断开发新产品，提高产品的社会价值也是企业得以发展的重要手段。

创新性设计是为人类创造更舒适、更合理、更优美的生存环境的必要因素。每改进或创造一件产品都会给人们的生活、工作、劳动、环境等带来新的变化，推动社会进步。所以说，创新性设计是产品造型设计的一项基本原则。

现代社会高速发展，人们的消费水平、欣赏水平、生活质量也在不断的提高，对所设计、生产的产品品位的要求也不断提升，企业要想在竞争日益激烈的市场环境中更好的生存，就必须不断的以创新产品来求得市场，创造更高、更好的社会、经济效益。

2.3.2　美观原则

人类在创造物质文明的同时，也在创造着精神文明。我们所设计、创造的产品不仅要满足人们的使用要求（产品的物理功能实现），同时也要满足人们的精神追求（产品的精神功能实现）。

在社会、物质、设计发达之前，每当人们谈及工业产品的时候，往往以产品的技术性能和物理性能等物质技术指标来衡量产品的质量，而忽略了产品自身所包含的广泛的各种文化要素，这些文化要素中包含着与人的生理、心理、视觉感受相关的各种精神体现。这样的一种观点，导致人们忽视了产品的另一个功能体现，就是产品的精神功能。在现代社会，工业产品已经深入到人们生活、生产中的各个角落，每一件产品都是各种信息的载体。因此，产品自身所承载的信息就构成了我们的视觉环境，而产品的"内在"与"外在"美构成了产品的特殊品质。满足"内在"美的同时，"外在"美就显得尤为重要了，"外在"美体现了产品的精神功能。现代社会，人们需要在美的环境里生活与生存，优美的产品形态、合理的色彩、亲切的肌理、高贵的气质等可使人赏心悦目、心情舒畅。

工业产品造型设计的基本原则是建立在使用功能和物质技术条件基础上的，充分体现产品的物理功能和价值实现，应该有利于新材料和新技术的应用与表现，促进社会和人类的进步与发展。在追求产品的形式美的同时，应该满足、促进产品使用功能的实现，如果单纯追求形式美而破坏了产品的使用功能，那么即使是一个美的工业产品造型，也只是一个工艺品或者是一个华而不实的产品。反之，如果单纯考虑产品的使用功能而忽视产品造型给人带来的心理、生理影响的视觉效应，那么这只是一个单一的能用的产品而已，它缺少人与产品之间的情感沟通。这样的产品是与现代社会相背离的，终究会被淘汰。因此，现代工业产品应该是使用功能和精神功能体现的一个结合体，从任何角度来讲，体现产品精神功能的产品美都是不可忽视的。

审美是每个人都有的共性。在经济高度发展、物品供过于求的时代，工业产品所体现的精神功能，最重要内容之一是对产品审美的需求，追求美观的产品是人消费行为的重要特征。创造美观的产品，可以改变人们的生产、生活方式，使人们更能享受生活，使产品更能吸引消费者，提升产品的附加值，提升产品市场竞争力，给企业创造更多的经济、社会效益。

2.3.3 可行原则

产品设计的可行性，主要是指产品自设计之后，由产品计划转化为产品、商品，到废品的可行性。产品设计应符合现代工业化生产，就是在现实条件下，不仅要使产品符合生产可行，即能够符合制造程序与工艺，符合成型工艺，符合材料使用可行，还要保证产品的使用可行，即操作可行、安全可行，符合人们的心理、生理可行，产品的安装、拆卸、包装与运输、维修与报废回收等可行。

2.3.4 合理原则

产品合理原则应包括以下四个方面：第一，产品功能的合理，主要是指产品功能是否实用，产品功能范围是否合适，产品功能发挥使用是否科学。第二，产品结构与工艺的合理性，即产品生产实际与产品功能实现是否合理，产品生产实际与材料选定是否合理等。第三，产品设计定位的合理，即产品的款式与产品特质是否相协调，产品档次定位与市场营销是否合理，产品的目标市场定位是否合理，产品价格高低与消费者的购买力是否合理，产品外观与产品的内在特征是否合理。第四，产品人机关系的合理性，即使用方式的合理性、使用安全的合理性、人机界面设置的合理性以及产品舒适度的合理性等。

2.3.5 适用原则

"适用"是指产品适宜于人们的使用，包括产品物质功能和精神功能的满足，即不仅体现为技术功能和工艺性能好，而且体现为整个产品的使用功能、与环境相适应的程度以及精神功能也要好。

工业产品造型设计的适用原则是由工业设计的目的所决定的。从最早的莫里斯工艺美术运动到"包豪斯"，一直到现代设计理论，无一不把为人服务作为设计的最高目的。因而，工业产品造型设计必须要适合人们的使用与对环境的协调。"适用"包含两个方面：技术性能与整体的关系。虽然工业设计师不像工程师那样，是解决技术性能与工艺的专家，但他们还是要特别考虑那些因素，并在设计过程中决定产品如何适合于人们的使用，使其更好地发挥产品总体功能的效果。像产品的安全性、易于操作、使用者的工作环境、产品与环境的协调统一、操作者的疲劳情况和产品的回收等，都是工业设计师要解决的问题。

现实生活中，尽管有些产品具有使用功能，能够满足产品自身要实现的功能，但是，与通过产品的形式来很好地实现功能价值还存在差距，就是说产品的设计还不够合理，是不合理的设计，不适用的设计。产品的合理使用方式要求设计的产品要符合客观规律，无论它的功能，还是造型都应该符合人们的心理、生理要求。只有站在这个角度进行产品造型设计，才能设计出人们所需要的产品，才能使人更准确、迅速、舒适、有效地使用产品。

2.3.6　可靠原则

可靠性是指产品整体系统设备、零部件、元器件的功能在一定时间内及一定条件下的稳定程度。它是衡量产品技术功能和实用功能的重要指标，也是人们信赖和接受产品的基本保障。产品的可靠性主要体现在产品的使用过程中的安全性、稳定性及有效度。在产品设计和制造的整个过程中，必须充分重视产品可靠性的分析与研究，只有提高产品的可靠性设计，才能确保使用者安全、准确、有效地使用产品。要想在产品设计与制造过程中充分考虑产品的可靠性，必须从人机工程学的角度出发，认真研究人的各种特性及人对设备的适应程度，才能设计出符合人的生理、心理需求的产品，才能让产品更好地适应人在操作时的各种反应，才能保证人机系统的可靠性，减少各种事故的发生。

目前，市场上的各类工业产品的功能与形式都很优良，性价比也很容易让消费者接受，但有一部分产品的可靠性差，在使用时安全系数低，可操作性差，不能很好地保持产品应有的特性。这就导致产品自身存在很大的不安全因素，极大地影响了产品的使用质量与市场信誉度，从而影响了产品的销售和消费者对同类产品的认识。所以，产品的可靠性在产品设计过程中占有很重要的位置，是不容忽视的。

2.3.7　经济原则

经济性作为一个设计原则应贯穿于产品造型设计的整个过程中。

经济原则主要体现在设计与制造成本的控制。首先，产品设计直接决定了产品生产成本的高低，即生产产品的设计与制造加工成本、材料成本、表面涂饰工艺、包装成本、生产过程成本、运输成本、贮存费用和推销费用等。此外，还包括生产产品用的机器运行、使用和折旧费用、动力消耗费用、维修费用以及服务费用等。相同产品，不同的设计方案，其生产成本也不同。其次，经济原则不仅仅意味着要控制生产产品的成本高低，还要注重生产成本与产品的价格、质量、市场竞争力之间的关系，即要使产品的性价比达到最优化。

产品由设计到生产，直至进入市场变为商品，一直与产品的生产成本相关联。因此，要求设计者在设计之初就要对即将生产的产品进行全面的、综合的成本核算。另外，在现代工业中，经济性不只是指产品的生产、销售等成本，还包括产品的使用效率和可靠性。由于现代工业产品是多品种、大批量的设计的生产模式，所以对产品设计还应符合标准化、系列化和通用化的要求，使设计安排、组织，生产程序、工艺和材料的选用等达到紧凑、简洁、精确，以最少的人力、物力、财力和时间来求得最大的经济效益。

因此，产品的造型设计对于产品的价格有很大的影响。在工业产品造型设计时，应合理地安排设计时间、程序，合理地对产品生产、销售的各个环节进行分析、设计，努力降低产品的生产成本，以最优的设计方案、最合理的生产成本、最合理的销售价格，创造最高的经济效益。

2.4　工业产品造型设计的原理

工业产品造型设计的灵魂是创新。因此，工业设计没有一成不变的原理，随着科技、艺术和经济的发展，其原理也在不断丰富和发展。

2.4.1　系统化原理

设计一项产品就必须从人与产品及环境这个大体系来观察，一方面要从消费需求—生产—流通—消费这个社会生产再生产的全过程来考虑，另一方面要从资源的生成—消耗—再生这个自然循环过程考虑，第三方面还要从人与自然生态环境来考虑。后者已成为未来工业设计的主流，如生态设计等。当前的工业产品设计已经由人-物的体系，扩大到社会-人-物-环境这个更大体系。

随着现代工业的不断发展，工业产品造型设计与其生产体系、社会环境均有密切的关系。在产品设计与制造过程中涉及到的生产设备、技术、材料及工艺等物质技术条件不断扩大的过程中，在消费者对产品的精神功能和物质功能要求逐渐提高的情况下，在社会高速发展的状况下，在人类对社会的发展有了一个更高的认识情况下，就更加要求设计师在产品造型设计活动中运用系统分析和系统综合的方法，对产品的定位和目标选择有一个更高的认识。

2.4.2　生活原点原理

设计起源于生活，设计是为了更好地生活。人与动物的区别就在于动物的活动出于本能，而人是有意识地制造工具与使用工具。"有意识"就是"设计"，所以"设计"是人区别于动物的一种高级行为。就是说，早在原始社会，已反映出人的设计本领，说明了"设计"是为了生存，为了改善生活这一本质。对比今天，有些企业不重视设计，"为生产而生产"的例子不胜枚举。这些企业积压在仓库卖不出去的产品，只能展览不能商品化的开发，无一不是丢掉了"设计"的原点。社会进步到现在，五花八门的高新技术，各式各样的新功能，形形色色的新商品，常常把人们带向歧途，而忘了"设计"的原意，忘了生活的"原点"。例如塑料工业发达，在创造一个多彩辉煌的塑料世界的同时，也造成了"白灾"，火车道旁成片的塑料袋，农田里飞扬的塑料膜，造成环境污染，这显然与发展塑料的原意所背离。可是，从我们祖先的生活中，却可以容易找到设计的原点，从原始非洲艺术而产生的爵士音乐和迪斯科舞，从出土文物中原始挂件、项链而产生的现代服装服饰等，可以说明，设计不仅是创造物质性用具的活动，同时也是创造精神性用具、创造美的造型活动。例如，过去人们用火炭铁熨斗来熨烫衣服，后来采用了电熨斗，省去了烧炭的麻烦，免去了炭灰的污渍，但又带来了电线拖来拖去不方便的感觉。几十年来电熨斗几经改革，从普通到调温，到喷雾，但都没有革掉电线。几年前，日本的设计师，从设计原点出发，熨斗不仅是为了熨平衣服，而且要给人以方便，提高生活质量，就否定了带电线的电熨斗，设计成功一种蓄热式电熨斗，使用前先放在座上充热，要用时取下来即能熨衣服。

设计是为了不断改善生活质量，所以设计与生活就密不可分。然而，社会分工既促进了设计发展，又使设计与生活相隔离，使设计师远离设计原点。这就是为什么有些企业不重视设计，有些设计师设计的产品造成积压的原因。有趣的是，社会分工使设计与生活脱离，分工又产生了工业设计师。而设计的原理是从生活原点出发，设计师又同生活相接近，又回到原点。所以，设计师要想创造适销对路的新商品、要想创造更合理的新生活，就必须深入生活，到消费者中去调查、体验生活。只有善于体验生活，了解生活，才能产生创造更好生活的能力。设计师有时间应去街头巷尾体验消费者生活，揣摩消费的心理和潜在需求，光顾外国名牌商场，了解各国商品风格和趋势。企业应开设各具特色的陈列室，设计师定期向消费者介绍新产品的设计想法和特点，接受消费者的各种生活咨询，发布信息，引导消费。设计师与消费者的对话、站柜台、逛商场、看展览等生活体验活动，使设计师具有生活感觉，这比设计师的艺术感觉更为重要。正是这个生活感觉，使产品更为消费者所欢迎。

为了解决生活原点问题，企业应进行大量的生活基础研究，调查消费需求，预测动向，提出产品开发和企业发展趋向和提案。这涉及很广的领域，主要有人体计测、家庭内行为、作业、人口动态、作业领域、知的活动、家计、家庭经济、视觉、休息、健康维持活动、生活导向、听觉、生产活动、消费动向、嗅觉、非日常节庆活动、住宅动向、味觉、创造活动、法规、习惯、流行、触觉、感觉、综合感觉、工业设计等。

2.4.3 人性化原理

人性化设计原理就是要把人的理性要求和感性要求融入到产品造型设计中去，使产品的功能和形态、结构和外观、材料和工艺等诸多因素都能充分满足人的要求，达到产品与人的完美协调。

现代的产品设计理念是以人为设计的中心，即体现人性化设计，对任何一个产品都应从人的生理和心理需求来考虑。人的生理需求是人们生活、生产、劳动、工作当中必要的需求，不能满足这种需求，就会带来诸多困难以致无法生活和工作。从人机工程学的角度出发，具有操纵性能的产品或设备，必须要满足人的肢体操作范围和感知度的生理条件，对于具有显示性能的产品或设备，就应注意满足人的视觉生理特性等。人的心理需求主要包括不同的审美意识所表现出来的所有审美需求，不同地位、不同层次的人所表现出来的自我实现的需求等。心理需求主要是满足人的精神、情绪及感知上的需求，是在满足人的生理的基本需求基础上的更高层次的需求。

2.4.4 创新原理

创新引导消费，创新也创造着市场，创新更丰富着设计学科本身。工业设计应该借鉴创造学原理，结合产品设计，形成设计的创新原理。对于老产品，创新构思应从不满意开始；对于现有产品，创新构思应采用综合方法；对于尚没有的产品，应采用类比法、联想法和分析法。创新本身就是一门不断发展的学科。工业设计的创新应具有新思维、新形象和新方法，并不断开拓和创新。

2.4.5 技术美学原理

劳动创造了美，工业设计师用笔创造的也是美。技术美学就是美学理论在物质文化领域中的具体化，也是设计观念在美学上的哲学概括。技术美学把功能、结构、形式这三个概念统一成整体，追求功能美和形式美，以达到使用和观赏两方面的审美满足。

技术美学原理主要有四点：

（1）主体原则。审美创造是为了人。只有适应于人的使用目的和操作活动，产品才有技术美。

（2）功能原则。产品不仅具有物质功能，而且具有精神功能，只有两者相统一，才能给人以美的享受。

（3）综合原则。产品美首先在于功能美，并通过形式美表现之，而且体现了产品的功能、形式、色泽、结构、材料等的综合统一，体现效能、经济和美的统一。

（4）发展原则。形式美是随时间而磨损或变化的，因此需要不断创新。产品形态也没有终极，美具有时代性、模糊性、导向性和多样性，必须不断创新。

技术美学所研究的美的形式规律，都可以应用于工业产品造型设计，如黑白与色彩、比例和重心、对比与调和、变化与统一、平衡与对称、节奏与韵律、空间分割、艺术抽象、视觉感受、心理审美等。

2.4.6　综合信息原理

从信息角度看，工业设计过程是综合各种已有的信息，创造新的信息的过程。综合就是创新，人类史给予了明证。人们设计的任何一个建筑、任何一件产品都是信息的载体，它反映出那个时代、那个民族、那个地域的生产力水平、社会观念及生产关系各种信息的总和。它既凝聚着人们对材料、结构、加工工艺的理解——即自然科学的信息，也记录着人们生活方式、生产关系等的反馈——即社会科学信息。例如彩陶记载着原始人的农耕定居生活，表示了人为谋取食物而与生态环境的斗争，取得了一个阶段性的胜利，从而获得了与自然初步的和谐，这时艺术已达到一种原始的较高境界。我们今天欣赏彩陶的无限魅力，就是在于原始人类和自然界（生态、环境）所保持的和谐上，无论造型还是装饰手段，彩陶无不体现出原始人类和自然之间的和谐之神韵，是那么天真、自信、雅气、淳朴，没有后来青铜时代那么多的道德、权力意志的约束和人为的恐惧。这些信息无不反映出原始社会后期的生产方式和生活方式。考古学家们可以从古文物中读出很多信息，以反映当时的生产力、生产关系，还有当时的风土人情、宗教习俗、道德规范和审美情趣。

由此可见，设计者所创造的形或造型，必然要受当时生产工具、材料、工艺手段等的限制，还要受设计者的观念（他们的社会地位、制作目的、心理状态及对美的追求）的制约。一个产品设计得好坏，自然就与综合和创新信息的多少、信息综合的程序有关。所承载的这类信息越多，这件产品就越好。这些被设计出来的信息越清晰、越有序、越创新，这件产品的价值就越高。并且，这些多元的复杂的信息被综合后，若能反映出一些同期产品所具有的新信息，它的影响就大。生活方式既在不断变更又有相对稳定的一个时期，在这一时期中，合理的、典型的因素起着作用。这些信息必定被载入产品或建筑形象中。所谓风格和传统，就是一个民族、一个地域的地理条件、自然气候、生活习惯、道德观念的总和。相对稳定的风格，具有延续性的传统也必定在上述的彩陶、青铜、文字等信息载体上沿袭下来。如中国木结构建筑和灯笼的风格、西洋古典石结构建筑形式和以蜡烛为光源的枝形花灯的风格、以木与纸为材料的日本式灯具风格三者不同，反映三种文化。日本是个岛国，缺少资源，人们长期形成了节俭的习惯，为了竞争，逐渐把节俭、合理的民族心理演变成日本产品的小巧玲珑、又经济实惠的特有风格。设计风格的不同，就是社会文化和传统不同的缘故。建筑设计更是体现了文化，反映了各自民族的传统信息。由此可见，要想设计好的产品，先要收集必要的信息。只有进行信息综合和创新，才能设计出创新产品——创新信息的载体。因此，设计时代也就是信息时代。

所谓设计风格，说到底就是信息流中的基调。这是与文化密切相关的。例如，中国木结构建筑风格在春秋战国（相当于欧洲的古希腊时代）时形成，史书记载的秦阿房宫要比雅典的奥林匹亚宙斯神庙的规模大。宙斯神庙用了 306 年才建成（从公元前 174 年到公元 132 年），而阿房宫是秦始皇在统一六国后（公元前 221 年至公元前 210 年），只用了 11 年便建成。与此同时还修筑了万里长城、渭水长桥、骊山陵、驰道等。这说明当时中国人已找到了建筑技术中最合理、最经济的构造。这种木结构最节约材料、节省劳动力、节省时间，可以标准化、定型化制造，可以在广阔的工作面上同时施工。它的框架结构及柱拱原理，西方到 19 世纪末才被充分认为是合理、经济、科学的，从而被采用。虽然木结构的缺点是不能长久保存下来，而中国古代的价值观念与西方的价值观不同。建筑对古代中国人来说，并不是作为永恒的标志。因为中国的哲学不是"神本"，而是有节制的"人本主义"。这与以宗教建筑为主体的欧洲建筑完全不一样。西方建筑着眼创造一个长久的环境，宗教信仰驱使人们世世代代地为金字塔、神庙、教堂献身，而中国建筑着眼于当代天地。除唐代、清代外的历代统治者，都曾重修都城，谋求自己时代的天地。价值观不同，就有不同的设计信息，也形成了不同的设计风格。古代中国人认为只有绘画、诗词才是艺术，艺术不是物质上的，而是一种诗意的、感情上的，醉心于自然的美。建筑自然被认为是生活上的实际需要，而不认为是艺术。中国的建筑合乎人体高度、比例的空间，注重模数。欧洲人认为建筑是艺术，所以建筑则夸大尺度与空间，向往神或天堂。这些包括了具有典型的自然、地理、材料、技术、哲学、艺术的信息，形成了各国古建筑设计的风格与传统，即相对稳定信息的积聚。

随着时代的发展，科学技术的进步，生产力、生产关系的变革，生存方式的改革，观念的更新必将淘汰社会中不稳定的、不典型的信息，在新的基础上发现新的、具有生命力的、典型的、稳定的信息。这种新信息的产生和积聚，就形成了新的形式、新的风格。这个过程就是在继承传统的基础上设计创新的必由之路。人的审美能力也必然在变化、发展，而随着这种进展，技术语言、社会信息越来越丰富，造成人的社会语言信息越来越多样化，促进设计语言、设计创新更进一步发展。这个永无止境的循环上升，使人的生存方式更趋合理，从而产生更多的设计创新、更高尚的审美心理和审美标准。人类史就是一部创新史，是综合信息、创造新信息的设计史。

2.4.7 视觉传达设计原理

视觉传达设计是指借助视觉记号传达信息的设计。传达是由信息的输送者向接受者通知的过程，可归纳为谁（who）、把什么（what）、向谁传达（to whom）、以怎样的手段和渠道（in what media and channel）、达到怎样的效果（with what effect）等五个过程；传达的机能可分成指示性的、说明性的、象征性的或记录性的四种媒介物。视觉传达设计原理主要内容有：1）人类视觉具有将暧昧的形和色朝着简练的形和色，将复杂的东西还原成简洁化的倾向，传达越是简练越有强烈的效果。2）形、色、材质等性质相似的若干图形之间容易作为一个图形而表现出统一，距离较近的若干图形容易作为一个图形而产生统一，反之距离越远就越远离统一。3）借助性质完全不同的对比要素以强调分离相互的特性，以便能在远方看清图形和文字。此外还可用线远近法、大小远近法、空气远近法、材质远近法等增强分离。4）错觉既妨碍"可视性"，又可利用来提高图画的注目性。5）提高注目性的要素有：①大小、整版广告提高注目性；②有动感、有变化的图形很注目；③使用对比的形态和色彩，提高注目性；④反复出现形象，注目率也高；⑤采用新鲜的、奇异的、震惊的媒介可引人注目；⑥视觉中有易注目的地方——报纸右比左、上比下易注目；⑦有效利用空白，以引人注目；⑧用注目的文字、标点符号和图形。

2.4.8 P-BOFER 原理

设计作为一种创造行为和制作行为的结合，其核心是一种创新理念 P（philosophy）。围绕着这种创新理念 P，需要考虑审美性 B（beauty）、独创性 O（originality）、机能性 F（functionality）、经济性 E（economy）、信赖性 R（reliability），即 BOFER 围绕着创新理念 P。这个理论与我国设计界的"适用、经济、美观"六字方针是一致的。"适用"分为机能性 F 和信赖性 R 两项、"经济"指经济性 E、"美观"分为审美性 B 和独创性 O 两项，这里强调了独创性和信赖性。审美性 B，反映形和色所表现的美，现代设计已包括了内容美和功能美，强调记号性和意味性。独创性 O，表示创新的与众不同的特征，进而满足人的内心的多样性需求。机能性 F，以往强调的各种技术性能，偏重于物理的功能，现代设计已强调心理的功能，不仅考虑物质功能，还考虑精神功能。经济性 E，过去只强调成本低、价廉；现代设计强调性能价格比高、强调产品及服务的经济价值、强调规模经济、强调产品全周期的经济性售价、使用费和维修费及回收费等。信赖性 R，强调产品的可靠性和商誉，现代设计已扩展到对企业的信赖性和信誉。不同时代和不同需求，使 BOFER 将随之发生变化，各有所侧重，各有所发展。在生产数量高速增长期，人们追求使用功能和价格低廉，这时的设计突出了机能性 F 和经济性 E。在个性化、多样化消费的时期，人们追求高级化、名牌化和高性能，这时的设计突出了独创性 O 和信赖性 R。在商品过剩的稳定发展时期，人们追求商品的文化性、本质性，渴望精神享受，这时的设计突出了物质与精神的机能性 F 和明星企业名牌产品的信赖性 R。虽然美在不同时期也有所侧重，有所流行，但不管在什么时期，人们对美的追求永远是真诚的，追求"真、善、美"永远是执著的、不变的。

2.4.9　空间环境与室内设计原理

"自然—人—社会"构成世界三大要素，由此便构筑起三大设计体系：道具装置设计（即产品设计）体系、精神装置设计（视觉传递设计）体系和环境装置（空间环境及室内设计）体系。这里我们主要讨论空间环境与室内设计原理。

空间环境及室内设计原理主要有：

（1）时空性：现代空间环境及室内设计的审美重心已从建筑空间转向时空环境，即运用时间和三度空间的艺术展现手段，创造一种与自然协调的人感觉舒适的空间和生活场所。

（2）人性：现代设计强调以人为主体，人的自主精神、物为人用，满足人的物质和精神享受，因此现代空间环境及室内设计的核心是人性。随着人们对物质需求的不断满足，对精神需求更为突出，由追求有形财富转向无形财富，如对各种文化艺术的追求，对旅游人文景观、体育竞技和自然界的精神享受，对人的各种感官（视觉、听觉、味觉、嗅觉和触觉）欢愉和刺激的满足等，要体现出富裕、文明和高层次。在艺术形式上从具体向抽象转变；在色彩上由人为的华丽转向天然的色彩。

（3）流动性与可变性：现代社会具有节奏的快速和灵活可变的特点，反映到环境与室内设计上，处处体现方便、高效率，既考虑上下起居方便，人流有序导向，又考虑到个性化和多样化的需求。

（4）相关性：强调人与空间、人与物、空间与空间、物与空间、物与物之间的相互关系，强调这些关系与整体的把握，把功能组合、空间、形体、色彩及虚实等关系和意境与环境的协调放在首位。所以可以说环境与室内设计是整合艺术。

（5）综合性：环境与室内设计的创造手法为"一切皆为我用"。应把想像力和造型力及形象力充分发挥出来，调动各种科技手段和文化艺术手段，使设计达到最佳声、光、色、形和意的匹配，创造出理想的人工环境，使人感到更加舒适美好的自然空间。

2.5　工业产品造型设计的形式

万事万物都是以各种各样的形式呈现在人们面前的。工业产品也不例外，当今社会，任何一个工业产品要想在众多产品中脱颖而出必须要有独特的形式，才能吸引消费者的眼球，夺得市场。所以，对于日益竞争激烈的产品市场，要想独树一帜地搞创新，产品造型设计的形式就非常重要。要想在产品造型方面赢得消费者，就要看如何在同一类别产品中采用什么样的形式，如何定位，只有造型方向明确，凸显产品特点，才能体现自身的设计特色和产品特色。

产品造型设计的形式一般是指产品的外在形态和结构，同时也应包括产品的色彩形式、材质肌理和装饰形式。

2.5.1 形态和结构

任何一种产品的物质功能都是通过一定的形式来体现的，对于不同的产品，所呈现的形式也不同。对于一个产品最直接的表现形式，是通过一定的形态和结构来表现的。

工业产品的外形都是人为形态，都是为了满足人们的特定需要而创造出来的形态。产品的形态又可分为内在形态和外在形态。内在形态主要是通过材料、结构、工艺等技术手段来实现的，它是构成产品外在形态的基础，主要取决于科学技术的发展水平，并通过工程技术手段加以实现。同一产品采用不同的材料、不同的结构、不同的工艺手段，可产生不同的外观形象，内在形态直接影响着产品的外观造型，如同样一个闹钟设计，采用的表盘、指针和装置各不相同，可能构成方形和圆形两种不同的内在形态，它所呈现外观形态就有可能是方体和圆柱体两种形态。外在形态是指直接呈现于人们面前，给人们提供不同感官认识的形象。它是通过点、线、面、色彩、肌理等造型设计语言表现的一种形式，并通过材料、结构、工艺加以实现。同一功能技术指标的产品，外观形态的优劣往往直接影响着产品的市场竞争力。外观形态和结构受材料、制造加工工艺、文化、地域等条件的影响。产品的内在形态和外在形态是相互制约和相互联系的。

所以，设计一个产品造型时，首先要以产品功能技术指标来确定造型方向，以审美情趣确定产品造型风格，以地域特点、文化潮流形成造型特点，以加工工艺、使用方式、维修方式确定造型结构，以形式美法则和技术美要求完善产品形态和结构，以物质技术手段加工成产品，最后是以市场竞争力和使用效能来衡量其优劣。

2.5.2 色彩形式

工业产品色彩设计的目的是使产品具备完美的造型效果，更好地体现产品自身功能特点，符合消费者的心理和生理需求，提高企业产品市场竞争力。要达到这一目的，途径和方法可以说有很多种，关键是要综合地分析企业、产品、市场、环境和消费者之间的关系，突出重点，发挥优势，才能创造出更有价值，更能促进社会发展，改善人们生活方式的好产品来。处理问题时需要考虑的问题有许多，解决问题的方法和途径也有很多，但能够有针对性地、灵活地处理这些问题才是最可取的。任何设计都不能完全地求多、求全、求完美，这需要看我们为人们设计什么样的产品，设计什么样的产品色彩。

为了更好地以完美的色彩形式体现产品特点，需要注意色彩设计六个方面的问题。

2.5.2.1 色彩要适合产品的功能属性

不同的产品应满足于人们不同的需要。在长期的生活实践中，人们对某类产品形成了固定的印象，产品的用色应充分考虑到这一点。色彩应符合产品的目的性，人们看到产品的外观色彩时，所产生的联想应和产品功能所达到的目的一致，而不是相反。例如，冰箱应采用明度较高、纯度较低的冷色系才能符合要求；而纯度较高且偏暖的颜色，才是烤箱的颜色。

2.5.2.2 色彩应适合产品对光效应的需求

由于色彩与光之间存在着非常密切的关系，因此对于一些表面对光较为敏感或者是借助于光能进行作业的产品，就应运用色彩来对光进行调解，如太阳镜、太阳能汽车就应采用较深的颜色；而燃气罐和燃油罐，就应采用反射率较强的颜色，以防止光照温度过高而引起燃烧或爆炸。

2.5.2.3　色彩适合隐没

有些产品由于各种原因而不需要较强的注目性，而是应当减弱或是降低注目性，这时就应该想办法采用色彩来达到这一目的。如军用吉普车为了隐藏目标，就运用了和树林一样且能见度很低的深绿色；而室内的暖气片及一些管道，则采用了灰色以减少其注目性，以此来降低这些产品对室内环境美观性的影响。

2.5.2.4　色彩适合产品的分离和注目

为了方便人们对产品在使用时的寻找，或者为安全起见，一些产品应通过色彩来将产品同周围环境分离出来，以便获得较强的注目性，如公用电话亭，站牌、环卫工人穿的服装等等。

2.5.2.5　色彩适应识别

在产品的人机界面、仪表盘、显示屏的设计中，应当考虑所要显示的内容和背景之间的颜色搭配，以便具备较强的识别性，使信息能更有效、正确、快速地传达，从而减少识别的错误性，提高工作的安全性和效率。经过实验分析，以下几组颜色搭配具备较强的识别性：黑-黄，黑-白，紫-黄，紫-白，蓝-白，绿-白，黄-绿，黄-蓝。

2.5.2.6　色彩适合语义表达

某些色彩在长期的生产和生活实践中，已经有了特定的含义，结合着某些形态成了具有类语言功能的符号。比如说，机床或仪表上的指示灯或信号，红色时表示禁止，黄色时提醒注意、小心，橙色时表示危险，绿色时表示运行正常。饮水机上的红色钮表示热水，蓝色钮表示冷水。

2.5.2.7　色彩适合环境

产品总是要在一定的环境下使用的，因此产品的用色应和环境取得一致。同一类产品可能由于使用环境的不同，而造成颜色的不同。比如说同样是家具，家庭用与办公用，户外用与室内用，就应当有所区别。同样的产品在北方寒冷地区宜用暖色系，以增强人们心理上的温暖感；而在南方炎热的地区使用，宜采用冷色系或是较鲜明的浅色系，以中和气氛，使人们有凉爽平静的感觉。

2.5.2.8　色彩适应民族与地域

各民族、各区域由于宗教信仰和文化习俗上的差异，造成了对色彩的认知、情感上的不同，并对于同一种颜色赋予了不同的象征意义。这在做设计的时候应予充分考虑。产品颜色应根据产品所销往的地域来确定，应认真研究该地域的文化及在这种文化背景下人们对不同色彩的认识，要特别注意各民族的色彩禁忌色。如在中国，白色有时象征着恐怖和悲哀，所以我们常说白色恐怖，并且用白色来做孝服；而在西方，白色象征着纯洁，常被用来制作新娘的礼服。日本在传统的婚礼上，新娘是通体雪白，并且还带上高高的白色头冠，则新郎周身披黑，胸前戴着白花，而在我国这是典型的丧礼色彩。

2.5.2.9　色彩要适合特定的人群

产品的色彩要适合产品所定位的人群，现在的市场已经由原来的大众市场变为分众市场，并且市场的细分程度越来越高，应根据细分定位的人群来进行产品色彩的配置。市场的细分有根据年龄来细分的，有根据性别来细分的，也有根据社会阶层来细分的，而不同的人群对色彩有着不同的喜好和偏爱。一般来讲，年轻人多喜欢明度和纯度较高、色相鲜艳的颜色，年长者更倾向于深沉的颜色，女性比男性更偏向喜欢艳丽的颜色，而有一定社会地位的人更喜欢色调单纯甚至偏灰的颜色。

2.5.2.10 色彩适合流行

流行色是指在某一段时间、某一区域为一定规模人群所普遍喜爱的颜色。流行色的出现是自我主张和模仿两个因素促成的,一方面,上层的人士从为了使自己有别于下层大众或为了确认自己优越于下层大众这种意识出发,在服装上或在色彩上谋求某种能代表等级特征的新的形式;另一方面,下面的大众或为大众所肯定的想法或为某种出色的创造所吸引,进行积极的模仿,这种倾向达到一定规模时就形成了流行。另外,色彩的流行还可能出于商业策略,为了能把握供销的脉搏,人为地由某些特定的人物确定流行色,然后经广泛的宣传,使人们不知不觉地予以承认。目前世界各国和地区都有研究流行色的协会,较有权威的协会是美国的流行色协会、法国的流行色协会和日本的色彩协会等。流行色反映了在一定时间内人们对色彩的喜好,作为产品设计师应充分把握好这个机会,让色彩成为产品营销的武器(图2-3)。

图 2-3 苹果电脑色彩设计

2.5.2.11 色彩适合企业文化

现代企业出于竞争的需要,大都实行整体的经营战略,追求企业鲜明的个性,其中色彩采用统一的颜色。许多大型公司使用的交通工具、办公用品,都采用符合公司形象的统一颜色。

2.5.2.12 色彩适合统一规定

为了便于交流、管理或出于安全的考虑,一些产品颜色由国家或其他部门做了强制性的统一规定。如日本就有如下的色彩规定:橙色用于直接危险所在(如活动爪钩、剪切机的刀刃等),黄色用于须清醒注意的地方(活动起重机、运输机上有坠落危险的地方),绿色用于安全应急设施(如急救箱,急救设施),蓝色用于须当心处(如电源开关、修理中的不许驱动的部件与施工作业现场等)。有了以上色彩的统一规定,就减少了事故的发生。还有我国规定灭火器统一使用红色,万国邮政联盟规定邮箱及其他邮政用品统一采用绿色,也是这个道理。

2.5.2.13 色彩适合技术

在做产品的色彩配置时,不仅要考虑其美观性,同时还要考虑产品的着色工艺和加工问题,即某种色彩形成的条件是否具备,这也是与绘画色彩非常大的一个区别。绘画色彩只需用画笔和颜料在画纸上表现出来就可以了,可是产品的配色方案总是要物化成为现实的产品,所以配色就应考虑在技术上、工艺上能否实现。不同的材料有不同的着色工艺,像玻璃和塑料在原料中掺入着色剂进行着色,所以工艺相对较简单,颜色品种也比较丰富;而金属不锈钢采用电镀的方式在氧化层表面着色,所以在颜色的选择上非常受限制。

2.5.3　材质肌理

在产品造型设计过程中，要注重通过选用适当的材料和肌理来增强外观形态的实用与审美特性。质感和肌理也是一种艺术表现形式，通过选用合适的造型材料来增加理性和感性认识成分，增强人机之间的亲近感，使产品更加具有人性。不同的产品所采用的材料是不同的，首先是满足功能需要，其次是满足人的需要。满足功能需要，主要是考虑使用材料的性能、加工工艺等是否符合生产需要，满足人的需要，主要是考虑使用材料是否能够增强人机的亲近感和互动性。不同的材质和肌理所表达的"感觉"是不同的，给人的感受是不一样的。如金属、玻璃可以表达整洁、高贵的感觉，但给人的感受有时却是冰冷的、没有感情的；塑料则可以表达科技、时尚感觉，给人的感受是温和的、可信赖的。所以，产品造型所选用的材料要传达恰当的信息，给人以适宜的感受，增进人和产品间的互动和信赖性。

肌理是相对于产品的特性和加工工艺而言的。同一材料不同的肌理，给人的感受是不同的。如亮光钢板和亚光钢板给人的感受是截然不同的，亮光的材料，让人体验到科技的、智慧的、烦躁的感觉；亚光的材料，让人体验到神秘的、温柔的、安静的感觉（图2-4）。不同的质感肌理能给人不同的心理感受，材料质感和肌理的性能特征将直接影响到材料用于所制产品的最终视觉效果。设计师应当熟悉不同材料的性能特征，对材质、肌理与形态、结构等方面的关系进行深入的分析和研究，科学合理地加以选用，以符合产品设计的需要。

图2-4　LG笔记本电脑

2.5.4　装饰形式

产品的物质功能是产品的根本，是人所必需的，是产品价值的体现。现今社会，人们除了需求产品的物质功能外，还需要精神功能的积极体现。随着人们生活水平的提高，审美形式的提升，个性化的设计理念逐渐被产品设计所采用，以迎合人们的不同需求。

如果说产品的造型是对产品物质功能实现的一次包装,那么装饰设计就是对产品造型的又一次包装。产品造型设计应尽力体现产品的特点、使用环境、使用人群,同时还应融人文化、情趣、人性的设计理念。为了更好地体现这些设计理念,就应重视产品造型的装饰设计。产品造型的美感同时也包括了装饰的美感,美是内容与形式的统一。

工业产品造型的装饰形式多种多样,主要是根据不同的产品类别、各异的功能等来确定装饰的手段和形式。比如,大客车的装饰设计一般以线形图案来进行装饰,主要是为了体现大客车的安全性、稳定性和舒适性(图2-5)。电子产品的装饰设计主要以线形和图形化的形式来展现,是为了体现一种时代感、高科技和个性化的设计理念(图2-6)。机械产品的装饰设计则以图标、文字和符号等形式进行造型装饰,是为了凸显产品的名称、性能、产地以及操作使用的安全性。

图 2-5　丹东黄海客车

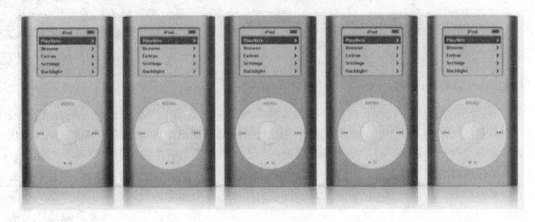

图 2-6　iPod mini 播放器

3 工业产品设计的程序与方法

工业设计不是一种孤立的设计活动，是需要和整个企业的策划开发、生产、销售、服务紧密联结在一起的。在此过程中，设计程序和设计方法是必不可少的。解决问题所使用的方法，叫做设计方法。设计过程由许多的步骤或阶段构成，这些步骤或阶段总称为设计程序。设计程序是设计方法的架构，是针对主要的设计问题而制定的。

3.1 工业产品设计的开发

3.1.1 新技术的开发

当前各种高新技术层出不穷，是社会现代化的技术基础。每种新技术的诞生，都将形成产品的某些新型机能或性能特征的依附。产品开发以这种技术为基础，应用于产品功能和造型的设计中，开发出全新创意的产品。每种产品的技术指标都有一个时代界限的最高值，当这种产品处于最高值的顶峰时，它的生命力就处于鼎盛时期。相反，当产品处于时代最低值的低谷时，它的生命力就几乎丧尽。任何产品在高技术指标上开发，都会将产品推向新的高度，无论是机能特性方面的、材料性能方面的还是操作方式的，都能从技术实质上拓展产品的前景。综合各种高新技术成果开发新产品，其一要把握各种高新技术的发展趋势，其二是要及时将高新技术转化成产品构成的主要发展因素，其三是要在产品总体的设计中以高新技术显示产品的新型特点。

身处各项新技术精彩纷呈的时代，一项项新技术转化成产品，丰富着人们的工作、生活。透过生活、工作中涉及的产品的每一个构成因素和运作系统，人们也常常在思索自己所真正需要之所在。

3.1.2 人本性的开发

人本性泛指人类自身特性，这里所指的人的本性，主要是基于产品构成的人类自身特性。在人类自身的构成和发展中，对产品的诞生和发展始终都表现出种种特定的意向，集中典型化地表露出开发产品的观念，自然地化作较强的作用力，直接影响着产品的开发。基于产品的开发，人本性规律表现得非常复杂。人对产品的需求、满足和不满足，始终表现为非常复杂的关系。面对陈旧的产品，由于人的自身构成特性，会产生出新型需求。当这些需求达到物质与精神性同构时，就表现得非常满足。产品开发的目的不仅是造就一件件产品，而是要通过产品实体，开创人类的新生活。每件产品在人类生活、工作的物质环境中，都必然以人的生存价值观去体现。人类自身特性的形成是由多方面因素决定的，其中有内部的文化知识水平和结构，道德修养、职业爱好、年龄、性别、经济条件、审美标准等，有外部的家庭环境、工作环境、交际环境、社会综合环境等，它们从多方面决定着人类自身特性的形成和发展。

3.1.3 需求性的开发

产品设计出发点是满足人的需要，即问题在先，解决问题的设计在后。人类要生存，就必然会遇到各种各样的问题，就有许多需求，产品设计就是为满足某种需要而产生的。因此，产品设计的动机就是为了满足人的需要，其中包括生理的需求、归属的需求、尊严的需求、认知需求、审美需求、自我实现的需求和心理性需求。

生理的需求：这里主要是指人类免于饥渴、寒冷等的基本要求。设计观念就是借助产品功能来弥补人们无法达到或不方便完成的许多工作。这种为满足基本生理需求所作的设计，不外乎就是把设计看成人类本身系统的再延伸。例如，计算机是人脑的延伸。

安全的需求：这是指使人免于危险，使人感到安全的需求。

归属需求：指人免于孤独、疏离而加入集体和团体，接受别人的爱和爱别人的需求。

尊严的需求：指受人尊敬，有成就感等需求。

认知需求：即人有要求知晓、了解、探索的需求。

审美需求：人们追求秩序和真善美的需求。

自我实现的需求：指人要求发挥自己的潜能，发展自己的个性，要求表现自己的特点和性格等需求。

心理的需求：审美需求、归属需求、认知需求或自我实现的需求，都属于心理性的需求。产品造型美观、精致等一些使人赏心悦目的要求，就是出于这方面的考虑。为满足这种需求，对设计的要求是很高的。例如，要求产品能适合人性要求，要体现某种使用者的身份、地位、个性，要满足使用者的成就感和归属要求等。

3.1.3.1 反叛点上的开发

反叛基点是人本性规律中的第二特性，它是人类在对现存物品逆反心理作用下产生的。人们对身边的物品构成，由于长期使用就会产生背离现实的想法，往往会想"如果那样就好了"、"我认为怎么样"等想法，其中很多是背离现实物品构成的特征。这就展现出人本性的反叛特性。基于同一事物，往往会出现各种各样的反叛。例如一台最新型的电脑，也总有人会产生反应速度慢、内存不够大、显示屏的分辨率不高、画面不清晰、操作键不合理等反叛情绪。基于种种反叛点，选择恰当的基点来开发产品，使之形成新的产品构成风格，满足人的需求，赢得市场。以反叛点开发产品，要在产品中有意识地强化出反叛概念的新型风格。总之，一个产品的开发涉及功能、经济性、审美价值等多方面。从功能方面的、操作方式上的、外形设计上的和结构设置上的诸要素出发，必须从某一方面具有鲜明特征，从某一方面区别于老产品。

3.1.3.2 基于流行趋势的开发

流行趋势是因一种产品或一件事物在一定时空界定中深受一部分人的青睐，并相继表现出尾随其后的人越来越多，形成一定规律性趋势。流行趋势形成的决定性因素是引起人们青睐的新颖物质构成内质。流行趋势的开发产生的主要原因是人们对物质需求的满足欲不断增加。例如服装、箱包等，年年都有不同的新的款式出现，过去的傻瓜相机也逐渐被数码相机所取代，几年前的 MP3 也被现在的 MP4 取代了。人们对物品的拥有始终存在着隐性的流行性的消费意识，所以设计师在产品造型开发设计中，应从流行趋势出发，抓住时代的特征，从产品构成的每一元素上表现出新颖的创意。

由于社会环境的关系，不同时期有着不同的流行风格，而这些风格又直接影响着产品的外观造型。例如高耸的哥特式风格，粗大扭曲的巴洛克式风格，纤细轻巧的洛可可式风格，简约的古典主义风格，以及包豪斯时期的功能主义等，都对当时的产品外观造型产生了巨大的影响。如 1997 年的香港回归，出现了很多以紫荆花装饰为主的产品；2008 年的奥运会吉祥物，又以可爱的福娃装饰造型为主。置身于信息化、高科技化的时代，为了体现时代感，很多高科技产品都以黑、白、灰为主色调，造型简约大方。

3.2　工业产品设计的设计程序

产品的开发与设计过程是解决问题的过程，是创造新产品的过程。所以产品设计程序规划得是否合理，关系到新产品能否成功，企业能否生存。新产品的设计开发，其流程一般分为三个阶段：问题概念化，概念可视化，设计商品化。

问题的提出——明确任务、设计调研——分析、提出概念——设计定位——设计构思：造型构思、工艺构思——设计展开、优化方案——深入设计、方案验证——设计制图、编制报告——生产、销售。

3.2.1　接受任务、制定计划

一般情况下，设计任务的产生有两种形式：一种是企业提出产品全新的设计，另一种是产品的改良设计。企业为开发新产品，提出新产品设计计划，但因某种原因，企业主管未能明确新产品的具体内容，只能对新品的概念做出大致的描述，给出一定的界限，这时需要设计师和企业主管进行交流，分析产品开发的方向，然后设计师再制定一个相应的设计计划。在计划中明确设计任务和目的，明确设计各个阶段所需的环节，估计每个环节所需要的时间，明确设计的重点和难点，预测设计项目的前景及可能达到的市场占有率，企业实施方案时可能承担的风险。在完成计划后可以编制时间计划表。

3.2.2　市场调研、寻找问题

这一阶段是产品造型设计的最初阶段，主要针对问题的提出进行资料的收集和整理。这涉及消费者的需求、市场经济、社会文化、审美观、技术材料等多方面的问题。

提出问题。多数可来自销售人员对市场营销的建议和消费者对现有产品的意见，还有来自于市场需求信息和消费热点信息。从这些建议、意见和信息中去寻找问题，如对现有产品不满意的问题，对有竞争力的产品要分析其优势和特点。这些都属于在需求方面提出的问题。

发现问题。设计师深入生活，根据生活原点原理，从服务于人的观点出发，可以找到许多不尽如人意的地方。另外，发挥设计师的想像力，可以从人的生活方式出发，去发现人们合理的潜在的需求和可以实现的梦想。

收集资料。要收集与所发现问题的所有相关资料，如需求分析、市场分析和预测、环境因素分析、历史与现状分析、竞争对手分析、设计趋势和产品发展趋势信息、人机分析、有关问题的分析等。这些资料是从市场营销、使用者、生产企业、销售商业、文献资料中得来的。

市场调研。任何一个产品设计调研之初都从需求开始，为此需要进行市场调查与预测、消费者需求调查和预测、用户调查、生活调查和生产调查以及文献资料调查。作为设计师，不管产品设计任务简单与否，都应根据使用对象的要求和产品的功能、结构、工艺、造型形态及使用、维修等方面的情况进行周密的调查。这就要求设计师向市场学习、向生产学习、向生活学习，要与工程师、企业和销售人员一起收集资料，全面深入地了解消费者对产品的真实看法，对市场环境、消费者、现有产品、竞争对手、营销情况、市场行情等与产品设计和生产企业相关的各种情况进行调研，并形成一套完整的调研体系（图 3-1 和表 3-1）。

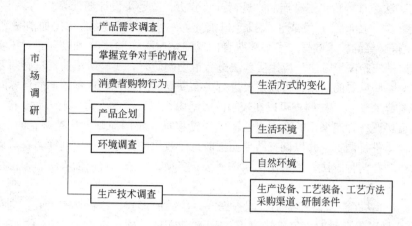

图 3-1 市场调研体系

表 3-1 市场调研内容

调查类别	调查项目	调查项目具体内容
同类产品	著名品牌和普通品牌产品造型样式汇总、制造成形方法；功能设置、销售量与销售价格、人机界面、优缺点分析	造型认同感，造型审美水准，造型风格潮流及发展趋势，色彩的搭配，包装方式；新成形材料与工艺方法的使用，重量及寿命周期；功能的需求走向，技术参数；现在市场的购买力和销售的最低价和最高价，制造成本；界面新技术、界面新方法
关系产品	著名品牌、普通品牌产品造型样式汇总、制造成形方法	造型风格，造型主流特征，造型差异，造型变化方向；识别色，材质色，装饰色；组装方式，安装与维修方式
消费者	性别、喜好、期待、购买力	男女，年龄段，生理心理，文化价值观，收入；使用问题评价：使用安全性、舒适性、方便性、节能等；期待什么样的造型和功能的产品销售，具体方向的汇总
生产技术	生产设备、制造手段	表面装饰手段
周围环境	自然环境、社会环境	地理位置、气候、住宅条件

产品造型设计的调研方法很多，一般根据调研的内容采用不同的方法。最常见的有询问法、查阅法、观察法、购买法。

（1）询问法。询问法是一种常见的市场调研方法。运用询问法进行市场调研时，要询问的问题要点、提出问题的形式和询问的目标对象。询问法的方式有：面谈、电话、邮寄、网络询问等。

（2）查阅法。可以通过书籍、刊物、专利、样本、广告进行调研。

（3）观察法。直接到现场去实地考察调研，直接搜集情报资料。它是通过观察人或产品在市场中所表现出来的行为或某种特征来发现问题的一种方法。因为观察法对被调查者来说一般没有明显的干扰，所以得到的调研结果比较客观。但是观察法需要花费较多的时间，观察的结果有时只能了解一些表面的现象。通常观察法分为直接观察法、间接观察法、长期观察法、短期观察法、对比观察法等。

（4）购买法。直接购买同类产品，进行拆装分析，或购买设计图纸等。

（5）实验法。在产品开发或正式投产以前先做一些实验和测试（比如消费者动机实验等），从中获得必要的技术数据或了解消费者的反馈情况。实验法又可以分为对比实验法、样品实验法、试销实验法等方法。应用实验法进行市场调研时，实验所用的资料必须要有代表性和典型性，对一些重要的数据，可以需要进行多次反复的实验才能达到预期的目标。

（6）抽样调查法。抽样调查可以在较短的时间内，以较少的人力、财力而获得较准确的调查资料，是市场调查普遍采用的调查方法。抽样是根据一定的原则，从被调查的对象总体中，抽出一部分样本进行调查，并以调查结果而推断总体效果的方法。通常抽样调查可以分为非随机抽样和随机抽样两种方法，常采用二项选择法、多项选择法、自由回答法、顺位法和评定法等进行的。

1）二项选择法是将所调查提纲、调查表或以信函的形式，让被调查者在"是"与"非"或"好"与"坏"等两种对立答案中选其一回答。这种二项选择的调查方法，观点虽明确，但不能表达更深层的意见。

2）多项选择法是调查者预先准备多种方案或结论，让被调查者选择书面回答的方法。

3）自由回答法是指被调查者不受任何限制，自由回答调查者预先拟定的问题的方法，适合面谈或电话调查时使用。

4）顺位法是要求被调查者按先后顺序填写设计意见的方法，一种方法是调查者预先写好答案，让被调查者排次序；另一种方法是调查者预先不写答案，而由被调查者依次回答问题的方法。

5）评价法是以了解被调查者对某设计的认识、程度和评价为目的的方法。

3.2.3　分析问题、提出概念

认识了问题的存在，分析了问题的组成和产生的原因，设计师就要提出解决的方法。设计师在开始设计以前提出问题和分析问题的过程中，任何企业或设计师都不能不受限制地随意设计任何产品。企业生产的产品是根据企业的综合实力和企业、市场的发展方向来定位的，也就是说企业要生产什么样的产品，面对什么样的消费者，满足什么样的需求，产品应该具有什么样的功能和造型特征，都应该有一个严格的限定，不能随意地进行设计，否则，有可能造成产品设计决策的失败，导致企业亏损。解决问题的切入点，可以从产品使用场景、使用对象、人机工程学、使用者的动机、需求、新材料、新工艺等几方面入手。例如倒酒器的开发，是根据倒酒时会发生溅洒的问题，而提出的解决方案（图3-2）。

图3-2　倒酒器

3.2.4　设计定位、解决问题

根据产品造型设计所涉及各方面问题而确定具体目标和方向，这一过程称为产品设计定位。产品的设计定位主要是指企业要生产一个什么样的产品，它的目标客户群是谁。为了满足目标客户的需要，它应该具有什么样的功能和造型特征等。产品设计定位包括：产品的形象特征、产品的基本组成、产品的档次、工作原理、材料、制造工艺、产品周期寿命和销售方式、产品的包装。产品的设计定位是在市场调研和分析的基础上进行的，其目的是要为企业确定一个适合自己的产品设计方向，同时也可以作为检验设计是否成功的标准。确定产品的设计定位，首先要确定产品的目标市场。对目标市场的选择需要做到以下几点：

（1）这个市场需要符合企业各个方面的条件，既要考虑到竞争对手的情况和市场本身的潜力，又要考虑自己企业的生产开发的实力；

（2）拟定的目标市场要有一定发展空间和潜力，当企业生产规模扩大后，时常能有开拓空间；

（3）目标市场会随着环境的变化而变化，对目标市场的选择要有预见性。

产品设计定位可以保障产品设计活动按照一定方向展开，消除无序、发散的无效设计行为，保证产品设计方案评价有依据。按照设计定位来检验产品设计存在的问题，还可以促成生产、销售紧密配合，促成产品生产流程目标一致。可以想像，如果没有产品设计定位，设计活动很容易造成混乱的局面，既浪费了人力、财力、物力，又浪费了时间，使企业失去了占领市场的最佳时机。

3.2.5 设计构思、优化问题

构思设计是在完成产品市场调研与设计定位后针对要设计的工业产品以一种正确的构思方法和工作方法进行的设计工作，以耗费尽可能少的劳动量取得最令人满意的设计效果。工业设计师凭借自己在设计工作中的经验，列出所处理过的各种问题和方法，选择较优的方案作为解决问题的途径。

在高度发达的当今社会，物质技术条件得到了充分的发展，在产品设计中也就出现了很多有创造性的构思。在产品造型设计时，人们常常寄希望于种种设计的可能性，工业设计师就可以根据这些可能性寻求新的构思。人们的想像能力和创造能力是非常强大的，所以对新产品的构思也是无穷无尽的。我们可以创造出无数个设计方案，从中加以考虑筛选，就可以得到最佳的设计方案。

构思设计阶段，只要是有了准确的设计定位，设计师就可以根据企业、市场、消费者的需求对产品的使用功能、外观形态等进行综合表现，表现的形式主要是以构思草图和设计草图两种形式来体现的。

构思草图是一个把设计构思转化为现实图形的有效手段。构思草图的表现形式多种多样，可以根据产品设计的初期阶段的需要，对要设计的产品进行概括设计，依据产品的功能对产品的表现形式进行初加工，体现产品的大致容貌。这一阶段可以大量地进行构思草图绘制，通过构思草图获得尽可能多的创意，完成设计构思，帮助工业设计师把头脑中记忆的和创造的产品用二维的表现方式挖掘出来。构思草图的创意来源主要是依据既定产品的基本要素条件，但也可以是随意的发现，如设计师在走路、逛街、休息时，通过外界事物的刺激产生的瞬间灵感，这时就应及时把自己的想法随意记录下来，不必去寻求某种规则，也不要对其中的细节做过多的装饰，等构思阶段完成后，再将这些想法逐一地进行修饰、完善，留其有用的，淘汰其中那些不可行的想法。所以说，不管创意草图的来源是何种途径，都是产品造型设计的创作源泉。

设计草图是设计师将自己的想法由抽象变为具象的一个创造过程，它实现了抽象思考到图解思考的过渡。设计草图是经过设计师整理、选择、修改、完善的草图，是正式的草图方案。设计草图是在构思草图基础上对构思方案进行细致、缜密的再设计，这就包括产品的外观造型、局部结构、装配关系、操作方式以及对生产工艺的考虑，主要是为了完成后期的产品定型做好准备。另外，也是为了更好地与企业负责人、工程师、市场销售等部门人员进行交流与协商，共同评价草图方案的可行性，为下一阶段的工作做好准备。

设计草图较构思草图要正规，表现要清晰，也就是能够说明问题。设计草图的完成形式主要是以手绘或计算机表现为主，通过对草图着色、渲染，尽可能地表现产品设计方案的真实面貌。

在构思设计表现阶段，无论是构思草图还是设计草图，都应该注意把握产品设计方案的创新性、真实性、可行性，同时还要注意草图的表现形式要能够说明构思设计每个阶段的设计任务。

3.2.6   方案展开、深入设计

构思设计草图主要是完成产品的概念设定，那么在完成构思设计草图阶段的设计任务后，产品设计范围已经确定，就应该用较为正规的产品效果图设计的方式来给予表达，主要是为了直观地表达产品设计的结果。

效果图表达是速度较快、表达程度最接近真实和完善的一种方式。绘制产品设计效果图是工业设计师表现产品造型设计的一个重要手段。在构思设计草图经过企业的评价与确认后，设计师要对设计的产品进行细部设计，全面、细致地对构成产品的形态、色彩、材质及与产品设计有关的各种因素进行综合设计，研究各个组成部分之间的关系，确定设计方案，最后通过效果图的形式表达出来。

产品效果图设计按表现形式来划分，主要分为手绘效果图和电脑效果图两种形式，每一种形式都有各自的优势和作用。手绘效果图的特点主要是表达快速，容易表现设计方案的最终想法，但是对于产品的细节表现与真实性不如电脑效果图。手绘效果图的作用主要是启发、诱导设计，研讨设计方案，给各部门之间提供交流平台。电脑效果图的特点主要是能够较为真实地表现产品组成部分之间的关系，虚拟产品的色彩、材质及使用环境，表现方式比较直观，容易让人们接受认可。电脑效果图的作用主要是能够模拟复杂的三维实体造型，给工程师进行产品结构设计提供参考样本，作为产品评价的一个依据，还可以用于产品的广告宣传。

在产品外观造型确定下来之后，就要对产品造型进行结构设计和绘制工程图，主要是为下一步指导样机模型制作、生产设计、模具开发提供设计依据。设计制图主要包括外形尺寸图、零件详图以及装配图等。这些图纸必须严格遵照国家制定的制图标准规范地进行绘制。设计制图为下面的工程结构设计提供了依据，也是对外观造型的控制，所有进一步的设计都必须以此为基准，不得随意更改。

3.2.7   模型制作、方案验证

为了检验构思设计、产品造型设计、结构设计和各部分之间的装配关系，需要对产品造型进行模型制作。模型按在设计的各个阶段中的作用，可以划分为草模型、展示模型、样机模型三种。

草模型在构思设计阶段就已经完成了，主要是为了形成设计草案的三维概念，推敲产品的形态关系、大体比例、尺度及基本的造型结构，帮助理解、分析构思设计方案。草模型制作比较容易实现，使用材料简单，可以是雕塑泥、纸板、石膏、软木、泡沫等容易加工制作的各种成形材料。设计师可以制作多个草模型，对构思设计方案进行检验，以利于发现可深入加工的可行性强的设计方案。

展示模型在外观上比较接近最终的产品，它为研究产品的人机关系、结构处理、制造工艺等提供实体形象。但它一般不包含内部结构，它可以用于设计师对产品的细节进行推敲，与企业各部门之间进行沟通、交流，对产品进行分析与评价，保证产品造型设计符合产品生产工艺流程的要求。

样机模型是工业设计师和工程师推敲和检验设计的重要手段。它是严格按照设计要求制造

出来的实际产品样机，完全体现产品的物理性能、力学性能、使用功能、各种结构关系和功能关系。通过产品样机模型可以对产品进行必要的试验和检测，得到更多的设计参数，进一步分析和完善产品的功能和造型要求，提高产品质量。

综上所述，模型制作是产品设计过程中的一个重要环节，是推敲、改进设计的有效方法。通过产品模型的制作，对设计图纸是一个很好的检验。当样机模型制作完成后，产品的设计图纸一般来讲是要进行调整的，模型为最后的设计定型图纸提供了重要的依据。模型既可为以后的模具设计提供参考，又可以为市场提供一个展示产品的良好机会，为企业探求市场需求与消费者的反映提供了一个真实的检验体。

3.2.8 设计制图、编制报告

设计制图是指产品的外形尺寸、零部件的组合图等。设计报告是以文字、图表、草图、效果图、照片等形式组成的综合性报告。一般包括：

1）目录；

2）设计计划时间进度表（可用色彩来标明不同时间段的不同工作）；

3）设计调查（市场调研）主要包括对市场现有产品、国内外同类产品以及销售与需求的调查，可采用文字、照片、图表等形式来表现；

4）分析研究；

5）设计构思展开；

6）方案确定；

7）综合评价：①设计对使用者，特定的使用人群及社会有何意义；②该设计对企业在市场上销售有何意义。

3.3 工业产品设计的构思与设计思维

构思原指写文章或制作艺术品时运用的心理，在这里指一种思维活动。构思的步骤，一般由抽象到具体，由个性到共性，简单到复杂，由内容到形式。产品设计的具体构思要经过由功能到造型，由整体到局部再到整体的反复过程。工业产品设计的构思实际上包括了两方面的思维活动：一是根据得到的各种信息发挥想像力，提出初步设想的线索；二是考虑到市场需要什么样的产品及其发展趋势，提出具体产品设想的概念方案。其构思方法主要有：缺点列举法、希望点的方法、仿生学、类比法、检查提问法、反求工程法、组合法、逆向思维法、头脑风暴法、特性列举法等。

产品设计时的思维是一种以情感为动力，以抽象思维为指导，以形象思维为其外在形式，以产生审美意向为目的的具有一定创造性的高级思维模式。设计思维的形式主要有抽象思维、灵感思维和形象思维。抽象思维又称逻辑思维，运用设计概念判断、推理来反映设计构想的思维过程。形象思维又称艺术思维或直感思维，是多途径、多回路的思维，即借助具体形象来展开设计思维的过程。灵感思维又称顿悟思维或直觉思维，是在设计酝酿过程中的一种突发性思维形式，是设计灵感的表现，称为潜意识。产品设计最重要的部分就是创意思维。创意思维指具有创意的思维活动。一个好创意的产生，必然要经历注意、观察、思索、体验的过程。注意就是对外在事物的专注意识，是创意的第一步。观察就是对外在现象的认识、记忆的过程。观察事物时要全方位不同角度地看，特别要注意到细微部分的设计。思索就是对意识到的事物的再认识、回忆和组织的过程。体验是指要亲身经历、亲自感受。例如柯布西埃的郎香教堂和悉尼歌剧院设计创意的产生，就是来源于平时日常生活的观察（图3-3、图3-4）。

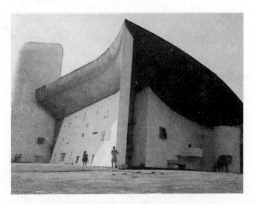

图 3-3　柯布西埃的郎香教堂

图 3-4　悉尼歌剧院

3.3.1　缺点列举法

缺点列举法是把对事物认识的焦点集中在发现它们的缺陷上，通过对它们缺点的一一列举，提出具有针对性的改革方案，或者创造出新的事物来实现原有事物的功能。产品的缺点一般有两种：显露缺点和潜在缺点。

显露缺点产生原因是：

1）生产过程中形成的缺点。

2）由于原材料不好而形成的。

3）由于设计不良而造成的。比如成本高、噪声大等。

例如，粉笔有污染手指、产生粉尘等缺点。针对这些缺点开发设计了显示器型电子黑板（包括 moving picture 目录制作功能），可在显示器上用笔或手指写、画和擦，包括将边板书边讲课的内容储存为 "moving picture" 的目录制作功能。同时将讲师的声音、图像储存；讲授时间中可用重新阅览功能，重新阅览已板书的画面；提供多种背景黑板，不仅能够同时阅览教材画面和黑板画面，还同时设置几个背景黑板（图 3-5）。

潜在缺点产生原因：

1）设计造成，如安全性和可靠性等。

2）由于技术进步造成的。

例如，家具的把手设计，为了不受到来自产品方面任何的伤害，应将把手形态的所有棱角都处理成圆滑的曲线（图 3-6）。

图 3-5　鸿合交互式电子白板

图 3-6　宜家家具把手设计

老产品缺点的克服，就是新产品的诞生。缺点改进法能够直接从社会需要的功能、审美、经济、实用等角度出发，针对创新对象的缺陷提出改进方案。缺点列举法的优点能以具体的实物为参照，比较容易寻找入手点；缺点是往往被已存在事物的某些特征所束缚，限制了思维的空间。

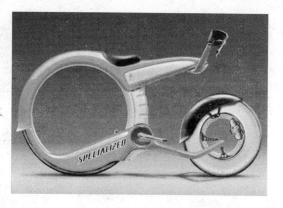

图 3-7 宝马概念自行车

3.3.2 希望点列举法

希望点列举法是通过列举希望新的事物具有的属性以寻找新的发明目标，把人的美好愿望和一些潜在的要求变成现实的创造。例如，希望自行车速度更快、可折叠、可变形（图3-7），发明了各类自行车；希望雨伞可以放进提包，发明了折叠伞；希望洗衣服后不用拧，又能较快晾干，发明了甩干机。对钢笔提出希望：希望钢笔出水顺利，希望绝对不漏墨水，希望同时写出两种以上的颜色的字，希望笔画可粗可细，希望笔尖不会裂开，希望不用吸墨水，希望省去笔套。后来某一钢笔厂从"省去笔套"这点出发，研制出一种像伸缩圆珠笔一样可以伸缩的钢笔，省去了笔套，打入了市场。又如对洗衣机设计提出希望：没有噪声，有两个洗衣槽，一个专洗白色，另一个洗有色衣服；根据衣服面料的质地不同，能调节水温，发出悦耳的声音通知使用者，衣服已从洗涤到烘干到折叠全部完成。

3.3.3 仿生学

仿生学是研究生物系统的结构和性质，以为工程技术提供新的设计思想及工作原理的科学。仿生学一词是1960年美国斯蒂尔根据拉丁文"bios"（生命方式的意思）和字尾"nlc"（"具有……的性质"的意思）构成的。他认为"仿生学是研究以模仿生物系统的方式、或是以具有生物系统特征的方式、或是以类似于生物系统方式工作的系统的科学"。尽管人类在文明进化中不断从生物界受到新的启示，但仿生学真正的诞生，是以1960年全美第一届仿生学讨论会的召开为标志。达·芬奇（意大利文艺复兴时期的伟大画家、雕刻家和建筑学家）被认为是现代仿生学之父。在大约公元1500年，在鸟翅模型之后，他画了一系列的无法实现的飞行设备草图。大约400年之后，奥托成功了，他根据鹳的翅膀制造的滑翔机成功地飞行了250米，而且他也被誉为"滑翔机之父"。人们自觉地把生物界作为各种技术思想、设计原理和创造发明的源泉，提出了一些新的设计思想。例如，仿生设计"果汁皮"饮料盒，包装外形看起来好像直接使用了香蕉（图3-8）。仿生法分为三种：1）原理模仿：是通过模仿别种事物的机制原理来创造另一种新事物的方法。2）结构形态模仿：例如利用苍蝇的眼睛制成的摄影机，一次能拍上千张照片，可用于复制显微线路。再如仿照鱼类的形态设计座椅（图3-9）。3）色彩模仿：是通过模仿色彩进行创新的一种方法。迷彩服这种隐蔽的军服就是模仿草、树和土地交叉混合的色彩而设计的。

图 3-8 香蕉饮料包装盒

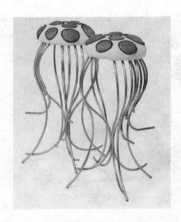

图 3-9　仿生形态的座椅

3.3.4　类比法

所谓类比，就是将同类或近似的事物加以对比，研究它们在其他方面有没有相同或类似之处，借此开拓眼界，打开思路，由此及彼，进行联想，从联想中导出创新方案。类比法常见的有三种：直接类比、象征类比和拟人类比。

类比发明法需要借助于原有的知识，但又不能受原有知识的过分束缚。这一方法要求人们通过联想思维把两个不同的事物联系起来，把陌生的对象与熟悉的对象联系起来，把未知的东西与已知的东西联系起来，异中求同，同中求异，从而设想出新的事物。类比方法来自于移植创造原理，是在两个特定的事物之间进行的。在运用类比法时，还须注意要有意识地、强制性地使某一事物和人们所要思考的事物相联系。通过这种强制，会有利

图 3-10　启瓶器

于人们突破常规思维的禁锢，找到截然不同的新关系，最终产生不同凡响的成果（图 3-10）。

3.3.5　组合法

所谓组合法，就是把两种以上的产品、功能、方法和原理组合在一起，使之成为一种新产品的创造方法。组合形式分为：

1）同类物品组合。

2）异类物品组合，例如键盘灯，用 USB 接口灯和键盘组合而成。

3）主体附加组合。主体附加组合是以原有产品为主体，在其上添加新的功能或形式。它是在原本已经为人们所熟悉的事物上利用现有的其他产品为其添加若干新的功能，改进原有产品，为其带来新的亮点，从而开发出新的市场需求，使产品更具生命力。这种设计适用于那些在未曾进行这些附加改动之前，原有的产品已经得到人们的认可和使用，但在人们的潜意识中仍觉得有些缺憾，希望它们有更好的表现的情况。如可在小孩的鞋上加上气哨，随着脚步的起落，发出一声声清脆的哨音，这样不仅增加了童趣，还便于父母追踪孩子的行迹。又如在牙膏

中加入药物，可以使牙膏找到新的卖点，提高它的价值。

3.3.6 检查提问法

检查提问法从如下几方面展开。现有产品有无其他用途，也就是扩展产品的应用范围，在现有的产品发明中，引入其他的创造性设想，或借用其他创造发明成果。如利用形状的改变法，把西瓜刚结出的幼果强制罩上玻璃罩，使其长成方形，既利于运输，又便于储藏。又如依据能否扩大的思想，在两块玻璃之间充入某些材料，制成一种防震、防碎、防弹的新型玻璃。再如依据能否简化的思想，把一些产品缩小体积、减轻重量，随身听、手提电脑、电子词典的问世就是很好的例子（图3-11）。

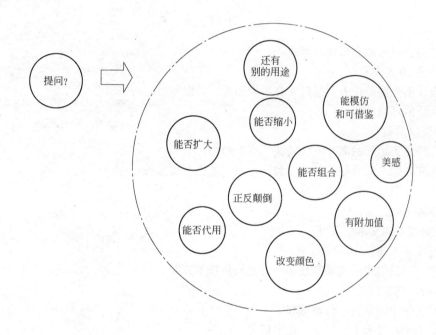

图 3-11　提问扩展内容

3.3.7 反求工程方法

反求工程方法是对国内外其他企业制造的同类的、先进的产品加以剖析、试验，分析研究，吸收其优点并加以充实、提高和创新，来改进本企业所生产的产品的一种方法。它属于一种破坏性的研究，很多大型企业采用这种方法创造产品。如图3-12所示的福特汽车公司的汽车设计的反求工程程序。

3.3.8 头脑风暴法

头脑风暴法又称智力激励法，是美国创造学家 A. F. 奥斯本于1901年最早提出的创造方法。这种方法是以会议形式针对设计问题进行讨论，会议以自由、任意的方式让与会者发表言论。其过程为：

（1）准备阶段。

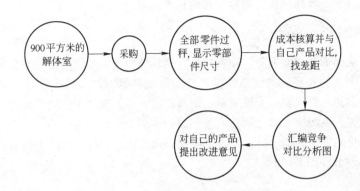

图 3-12　汽车设计的反求工程程序

1）预测会议可能会出现的方案。

2）邀请 10 人左右。

3）会议的意图是使人们通过发言产生接近、类似和反向的联想。

4）会议的环境。

（2）会议的召开。

1）允许漫无边际的离开主体畅谈，不受约束。

2）允许在别人的意见的基础上加以补充，使之更加完善。

3）禁止反驳或批评不同意见。

4）做好会议记录。

（3）对提案的要求。

1）用文字表述。

2）怎样以最低费用实现产品必要功能的新技术方案。

（4）会后的整理工作。

1）对会议上的发言进行整理和综合。

2）对提案在技术上、经济上做出评价。

3）意见相同的或能相互补充的应加以合并。

3.3.9　逆向思维

　　逆向思维是存在于生活的各个方面的，这一道理主要包含的是对立物共存和互相作用这一思想。逆向思维的方法有：

（1）原理逆向。例如发电机。

（2）性能逆向。例如固-液、空心-实心。

（3）方向逆向。例如倒过来飞的飞机、IBM 的可翻转屏幕的笔记本电脑（图 3-13）。

（4）形状逆向。在逆向思维过程

图 3-13　IBM 笔记本电脑

中，要鼓励自己去做，去思考一反常态的东西；也可以同时去做和思考两件相互对立的事情，以一种创造性的新方式把它们放在一起；还可以把那些对立物结合起来，以形成一种新的综合体。第一种逆向思维突破来自直接朝着与俗套相对立的方向发展；第二种来自把两种对立且相互矛盾的观念放在一起，使它们更新颖地、具有创造性地并列在一起；第三种突破是把两个对立和相互矛盾的观念结合为一种亲密状态，使其呈现为一种全新的实体，它把对立的思维及悖论的全部过程带入这样一种状态：即对立面似乎完全消失了，它们并成一体，创造出了某种全新的东西。

3.3.10　KJ法

KJ法是由日本筑波大学川喜田二郎教授首创，以卡片排列方式进行创造性思维的一种技法。要点是将基础素材卡片化，通过整理、分类、比较，进行联想：

（1）卡片要全，通常可制作50~100张。关键是取材的质量。

（2）分组与扩充就是把已制作的许多卡片，铺开放在桌上，将相近、有关联的卡片集中在一起，上面加一张标签。这张标签就是这组卡片的要点，然后再编组，制作标签，直到大约编成10组以内为止。

（3）将组放到最能显示其相互关系的结构空间位置上，并可用各种记号，如相反、相互有关等表示出卡片组间的逻辑关系。

3.3.11　特性列举法

特性列举法是进行产品的创新设计和发明创造的方法中的列举设计法之一，是美国布拉斯加大学教授、创造学家拉福德研究总结出来的一种创造技法。它是通过对研究对象进行分析，逐一列出其特性，并以此为起点探讨对研究对象进行改进的方法。特性列举法又称特性分析法、属性分析法、属性列举法。其基本原理是问题分析得越细化，越容易寻求到解决办法。该方法是把对象按不同的特性分类，再进一步寻找构成其特性的因素，并根据这些细节进行分析研究，寻找出解决办法。

产品的特性很多，在列举时，常按名词、形容词或动词来列举：

（1）名词的特性。就一件产品来说，要用恰当的名词来表达其组成部分和各个要素，如"形状"、"结构"、"材料"、"原理"、"部分"等特性。其形状分为：方形、圆形、三角形、菱形、多边形、不规则形；材料又分为：金属、塑料、木材、陶瓷、玻璃。

例如，汽车的改造设计就可采用名词的特性列举法，将汽车分解为若干部分：轮胎、轮轴、底盘、轴承、车灯、齿轮、车身、发动机、变速箱、方向盘、座椅、安全系统、刹车系统等，给予分析研究之后，革新其中的一个或几个部分，就会使汽车整体性能改善。

（2）形容词的特性。用"重的"、"小的"、"圆的"、"色泽"等形容词来表达产品及其零部件的特性。

（3）动词的特性。用动词来表达产品及其零部件的特性，如"通电"、"启动"、"切削"等。

例如，改造一只烧水用的水壶，按照特性列举法将水壶的属性分别列出：

名词属性。整体：水壶。

　　　　部分：壶口、壶柄、壶盖、壶身、壶底、气孔；

　　　　材料：铝、铁皮、铜皮、陶瓷；

　　　　制造方法：冲压、焊接。

形容词属性。颜色：黄色、白色、灰色；

　　　　　　重量：轻、重；

　　　　　　形状：方、圆、椭圆大小、高低等。

动词属性。装水、烧水、倒水、保温。

然后从所列举的各个特性出发，通过提问的方式来诱发创新思维。如通过名词属性提出：壶口是否太长？壶柄能否改用塑胶？壶盖能否用冲模压制以免焊接的麻烦？怎样使焊接处更牢固？是否还有更廉价的材料可以使用？水开后冒出的气泡烫手，气孔能否移到别处？目前市面上就有一种鸣笛壶，就是采用这一思路改造成功的。这种壶的气孔设在壶口，水烧开后会自动鸣笛，而壶盖上无孔，提水壶时不会烫手。同样，也可以从形容词上分析，如怎样使造型更美观，怎样会让水壶的重量变轻，在什么情况下，用多大型号的壶烧水最合适等。又如在动词特性方面思考，怎样倒水更方便，怎样烧水更节省能源等。

3.4　工业产品设计的方法

人们要认识世界和改造世界，就必然要从事一系列的思维和实践活动，这些活动所采用的各种方式，统称为方法。设计方法是解决问题的方法。近几年，设计方法飞速发展，同时在不同国家形成了各自的独特风格。德国着重设计模式的研究，对设计过程进行系统化的逻辑分析，使设计的方法步骤规范化；美国等国家则重视创造性开发和计算机辅助设计在工业设计上的应用，形成了商业性、高科技、多元化的风格；日本在开发创造工程学和自动化设计的同时，特别强调工业设计，形成了东方文化和高科技相结合的风格。

目前设计中常用的设计方法主要有：改良设计法、技术预测法、科学类比法、创新设计法、有限元法、联想设计法和利用专利文献等。

3.4.1　改良设计法

产品改良设计法是通过对产品的重新设计，使产品局部或整体的外观造型与功能都有明显的提高。包括局部造型的改良设计、整体造型改良设计。

局部造型的改良设计产生的原因是由于产品中的一些技术、结构、功能等因素仍可继续使用，因市场竞争和消费需求的变化，需要对产品的局部造型重新改良，从而形成新的产品。进行局部改良设计时，先对产品局部改良的原因进行分析，通常是由成本因素与市场销售因素造成的。然后研究原产品的造型风格、识别特征、结构、档次级别等，把握产品的现有特征，将其作为设计要素，使改良的局部与整个产品和谐，形成有机的整体。因此，在局部改良设计中，产品局部造型改良设计在产品尺寸、风格、内部安装等方面都要符合原有产品。

整体造型改良设计是保留产品原有的功能和内在技术，完全改变产品的整体造型形态。整体造型改良设计时，要了解原产品整体造型的优势和劣势，消除原产品存在的问题，体现时代感、科技感。同时，整体造型设计在表现产品附加值方面必须高于原来的产品。但整体产品造型可保留产品原有的优势，新产品上仍可有原产品识别关系。

3.4.2　技术预测法

技术预测法是指在设计前，以已知收集的资料为依据来预测设计对象的发展动向的设计方法。技术预测法的应用首先要确定技术分析项目，其次是明确项目中各要素之间的关联程度。通常一项技术都是若干要素的集合体。就某个产品而言，它包括材料、创造技术、加工工艺等。运用技术预测法的步骤一般分为：先调查该项技术由哪些要素组成；弄清各技术要素之间的关联度；以关联与现状作比较，预测今后的发展趋势。其中包括趋势外推法、情境描述法。所谓趋势外推法是在进行预测时，把已知的量按年、季、月等时间顺序排列起来构成一个序列，然后利用过去的变化来推测今后的变化。这种方法适用于时间不太长的预测。情景描述法又叫"脚本"法，主要用于政治和军事研究方面的系统分析，近几年也开始用于经济、科技预测。情景描述法就是从现在的状况出发，把将来发展的可能性以电影脚本的形式进行综合描述的一种方法。这种方法以各种专门预测结果为前提，再把可能出现的偶然变化因素考虑进去，从而描绘出可能性较高的未来图形。运用这种方法不是只描绘出一种发展途径，而要把各种可能发展途径，用彼此交替的形式来进行描绘。情景描述法能够对未来前途做出长期的和多种可能性的描绘，而且能够强调出其中的特征性现象，同时还考虑了心理、社会、经济、政治等方面的状况，使人易于全面理解相互间的联系，因而有助于拟定解决问题的具体方案。

3.4.3 科学类比法

科学类比法指设计预测后，搜集相关的设计信息与对象，并以推理的方法进行设计的方法。类比的因素主要包括因果类比、对称类比、协变类比和综合类比。

3.4.4 创新设计法

创新设计是在总结设计规律性的基础上，激发创造性，为新产品的开发以及老产品的改进提供新的设计方法和途径。其中包括了组合设计法、模块化设计法和集约化设计法。

3.4.4.1 组合设计

产品是一个系统，其构成要素往往包括功能、用途、原理、形状、规格、材料、色彩、成分等。系列产品的组合设计就是将这些要素在纵横方向上进行组合或将某个要素进行扩展，构成更大的产品系统。

（1）功能组合。在单件产品设计中，常会将多种功能部分组合到一个产品中，即所谓多功能产品。如台灯与闹钟组合成定时台灯；收音机和录音机组合成收录机；圆珠笔放进拉杆式教鞭里形成两用教鞭。这种多功能化产品的优点是一物多用，而缺点是对各功能使用频率不同，又会将多余的功能强加给使用者，让其承担浪费。

系列产品的功能组合，是将若干不同功能的产品组成一个系列，在购买或使用时具有可选择性；在主题上是一个整体，在使用上具有灵活性。

（2）要素组合。系列产品的实质就是商品要素在某个目标下的系列组合。所谓商品的要素，不外乎是功能、用途、结构、原理、形状、规格、材料等成分，如果将其中的某个要素进行扩展，从纵向上或横向上进行组合，就可形成系列产品。

（3）配套组合。将不同的、独立的产品作为构成系列的要素进行组合，目的是使成套意识带来的品牌效应，有助于商业上的特定服务目标的实现。

（4）强制组合。将功能上、品种上没有任何相关性的产品组合在一起，或形成单件产品，或构成系列。这就是出于商业上的需要而进行的强制性的组合。如在单件产品中，有圆珠笔与电子表的组合；在系列产品中，有电熨斗、电吹风、针线包、指甲钳、梳子等不相干的产品构成的旅游产品系列。又如，旅行式组合保温饭盒的设计，可方便盛装汤水、饮料和饭菜，同时底部附带小饭勺。在文具系列中，这类产品也很多见。将功能上、使用上本不相干的产品，通过系列设计使其具有整体目的性和相关性。但强制组合系列中的产品也并非完全没有相关性，至少在总体目标上是一致的。比如旅游系列产品，尽管系列中的各单件产品在功能上、使用上没有必然的联系，但作为旅游用品的特殊用途，即具有可携带性、体积小、适应不同环境状况等，在满足旅游这一点上是一致的。这类产品的设计关键是要解决统一性的问题。

1）形式统一，放置方法、包装方法等；

2）形态统一，造型、风格统一；

3）色彩统一，视觉统一；

4）某个部件统一，部件的互换性。

（5）情趣组合。这类组合方式往往是借用人们的希望、爱好、祝愿、友谊、幽默、时尚追求等富有人之常情、生活情趣的内容，通过形象化的造型，或附加造型的方法，组合到系列产品中去，构成趣味性产品系列。情趣系列组合可以是成套化的，也可以是强制性的，组合的目的就是增加卖点。例如，把足球和床组

图 3-14　床脚设计

合在一起，把球作为床的柱脚，使床有了弹簧床加气垫的感觉，会使球迷觉得很亲切（图3-14）。

3.4.4.2　模块化设计

随着现代计算机技术的广泛应用，产品设计也进入了新的阶段——虚拟设计和模块化设计。虚拟设计是在计算机虚拟现实系统环境中实现的。设计人员突破物理空间和时间的限制，在产品设计过程中，对设计中产品尺度等关系的分析可通过计算机用人体模型来模拟；对产品进行虚拟的加工、装配和评价，进而避免设计缺陷，同时降低产品的开发成本和制造成本。在虚拟现实设计中，计算机通过数据头盔、数据手套等设备，模仿人的真实感受，对产品进行身临其境的体验，在查看模型的同时还可方便地查看各项色彩的效果；以这种虚拟产品开发的方法设计产品，增强了科学性、可靠性，减少了盲目性，能及时发现和纠正错误。使开发的产品更加符合最终用户的需求。

将产品的某些要素组合在一起，构成一个具有特定功能的子系统，将这个子系统作为通用性的模块与其他产品要素进行多种组合，构成新的系统，产生多种不同功能或相同功能、不同性能的系列产品。系列产品中模块是一种通用件，也可看作是具有一定功能的零件、组件或部件。模块应具有特定的接口或结合表面以及结合要素，以便保证模块组合的互换性。模块的初始概念源于儿童积木，以一个单元或一组形态进行多种构成，可创造出房子、交通工具等。这里的积木就是基本模块，用积木进行多种结构的变换就是最基础的模块化原理。

模块化设计优点为：

（1）利于产品的更新换代，发展系列产品，例如电脑。

（2）缩短设计周期。采用模块化设计，一次可以满足多种需求，利于产品设计的快速、高效，且适应于小批量、多品种的生产方式。

（3）降低成本。模块化设计不仅是设计方案的改变，而且涉及到组织生产、工艺技术甚至管理体制的改革。模块化产品设计目的是以少变应多变，以尽可能少的投入生产尽可能多的产品，以最经济的方法满足各种需求。

在模块化设计中应注意：

（1）组合性。结合面的合理性和精确性。合理性，即是模块在组合当中的可靠性和良好的置换性。易装、易拆、易换，有时还必须遵循某些标准，或在一定范围内将其标准化。

（2）适应性。模块结构与外形的适应性。某个模块与产品进行组合时，应保持形式和视觉上的协调。

模块设计可分为两类：

（1）纵向系列模块——产品的功能、原理、形式相同，结构相似，而尺寸参数产生变化。但是无论尺寸、规格如何变化，模块的组合性不能失掉，也就是产品基形与模块组合式的结合面应具有通用性。

（2）横向系列模块——在基本产品的基础上置换、添加模块，以获得扩展功能的同类型产品。纵向系列是以模块为中心展开变换，横向系列是模块的更新。

模块化设计典型实例见图3-15。

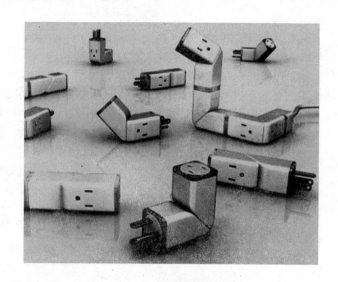

图3-15 插排模块化设计

3.4.4.3 集约化设计

集约化设计是一种常用的重要的设计方法，其实质是归纳和统筹。在生活中，有的产品可能是一个，或者是若干个产品的归并，也有可能是系列产品的归整、收纳，无论何种形式都需要通过集约化设计。

集约化设计分为相同产品的集约化设计、系列产品的集约化设计、非系列产品的集约化设计。

相同产品的集约化设计是指当一种产品在大量使用时，必然会遇到归整、移动、调整和存放的问题。一件设计得再好的产品，如果不解决这些问题，也是不合格的。比如公共座椅的设计，座椅的移动和收纳。

系列产品的集约化设计是指成套系列产品需要集约化设计，目的在于方便使用、展示。

非系列产品的集约化设计，目的在于方便使用、收纳、移动。

3.4.5 有限元法

所谓有限元法是求解偏微分方程的一种重要数值解法，是变分法与多次插值法的结合，兼有差分法的离散灵活性。有限元法在解决工程结构、场域及零件计算中，能给出收敛性参数与误差估计。

3.4.6 联想设计法

由联想捕获设计构思的方法，就是联想设计法。联想设计法是易于操作且易出效果的设计方法，分为自由联想设计法、相似联想设计法和对比联想设计法。

（1）自由联想设计法。就是鼓励自由地联想，让思维尽情发散，不受任何约束，从而产生连锁反应，引申出新设想。

（2）相似联想设计法。是由一种产品的原理、结构、功能、形态等，联想到另一种产品的原理、结构、功能、形态，由此产生新的设想。

（3）对比联想设计法。是由一件产品联想到其对立面的东西，就此产生新的设想的方法。换代性新产品多采用此方法构思。

3.4.7　利用专利文献设计法

使用这种方法对科技经济动向进行预测，是进行产品的创新设计和发明创造的方法之一。一般国家都有发明保护法，向发明者发放特许或专利证书。证书上通常写明主要的发明内容，即解决问题的各种新技术、技术方法的新颖程度和在具体时间中确定得到的新结果等。查阅已公布的专利技术文献，可以发现创新设计和发明创造的目标或课题；同时可发现成功设计和技术的脉络，由此借鉴他人经验；了解现有技术不够完善、有待改进之处，以及现有专利技术的薄弱环节和空隙。

4 工业产品设计表达

产品表现技法是产品设计的语言，也是设计师传达设计创意的必备技能，是设计全过程中的一个重要环节。

设计师应用的表现技法不是纯绘画艺术的创意，而是在一定设计思维和方法的指导下，把符合生产加工技术条件和消费者需要的产品设计构想，通过技巧先加以视觉化的技术手段。工业设计预想图的表现是从无形到有形，从想像到具体，是一个复杂的创造性思维过程的体现。

产品设计需依据周密的市场调查分析，才能决定新产品开发的方向。设计师循着开发方向，提供产品预想的新式样。优秀的工业设计师以较清晰的预想图，将头脑中一闪而过的设计构思迅速、清晰地表现在纸上，展示给有关生产、销售等各类专业人员，进而协调沟通，以期早日实现设计构想。产品预想图的表现技法越来越受到重视，不仅早已成为设计师传达设计创造必备的技能，而且能活跃设计创造性思维，使辅助设计构思顺利展开。因此，产品表现技法在工业设计过程中确实是一个重要的步骤和方法。

4.1 工业产品造型设计表达的基本原理

4.1.1 实用透视技法

由于人眼的视觉作用，周围世界的景物都以透视的关系映入人们的眼帘，使人能感觉到空间、距离与物体的丰富形态。在日常生活中，你会看到这样的景象：一排排由近及远的电线杆，最远处渐渐消失到一点。离人们距离远近不同的电线杆，其大小、粗细、疏密、虚实感觉不同。

定量求解透视的技术性较强，初学者难于掌握，透视在设计草图中只需定性了解其原理，记住其规律即可。透视的规律为：近大远小、近粗远细、近疏远密、近宽远窄、近实远虚。近宽远窄是指物体的平行线近处稍宽、远处收窄，即平行线的透视线最终消失于一点。要注意透视"度"的问题：物体深度距离长，透视线收得快；物体深度距离短，透视线收得慢。

由于物体相对于画面的位置和角度的不同，在设计表现图中常用到三种不同的透视图形式，即一点透视、两点透视和三点透视。下面以立方体为例，用图示说明三种透视图类型(图4-1)。

（1）一点透视。当立方体三组平行线中的两组平行于画面时，则仍保持原来的水平和垂直状态不变。只有与画面垂直的那一组线形成透视，相交于视平线上的心点。由于这种透视图表现的立方体有一个面平行于画面，故称为"平行透视"。一点透视多用来表现主立面较复杂而其他面相对较简单的产品。

（2）两点透视。当立方体只有一组平行线（通常为高度）平行于画面时，则长与宽的两组平行线各向左、右方向延伸，交于视平线上的两个灭点。由于物体的正、侧两个面均与画面成一定的角度，故称为"成角透视"。两点透视能较全面地反映物体几个面的情况，而且可以根据构图和表现的需要自由地选择角度，透视图形立体感较强，是产品设计表现图中最常应用的透视类型。

（3）三点透视。当立方体的三组平行线均与画面倾斜成一定角度时，则这三组平行线各有一个灭点，故称为三点透视或倾斜透视。三点透视通常呈俯视或仰视状态，常用于加强透视纵深感，表达高大物体，如大型产品或建筑物。由于三点透视作图步骤复杂，在产品设计表现图方面实际应用较少。

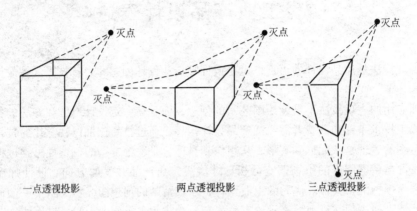

图 4-1   三种透视类型

4.1.2   线条、明暗与光影

4.1.2.1   线条

形是设计表达的基础，形的要素包括线、光、影。线是立体的框架。光和影的表达是为线服务的。线条好坏的标准是透视的准确性、结构表达的正确性和线条的表现力。

各种类型的线条都具有不同的性格。如直线具有冷、静、力度、男性化性格，曲线具有暖、动、柔美、女性化性格。通过对线的组织与运用，可以赋予形态不同的视觉与心理特征。这种特征可以独立地表现出形状的立体空间感受。线是最具表现力的语言，是图形的筋骨，是图形的精髓。不同材质的物体，线的表达是不一样的。适当地运用粗细线条的对比、虚实线条的对比、软硬线条的对比，都会产生生动的表达效果。

工业产品一般使用的材料为塑料、金属、玻璃等，故线条表达必须肯定、流畅、简洁、明快，落笔尽可能干脆、一气呵成，不拖泥带水。笔触应有适当的粗细变化、方向变化、长短变化。笔触运用的趣味性可以增强画面的生动性和艺术感染力。

4.1.2.2   明暗与光影

根据透视原理画出产品的轮廓之后，还须依靠光影与明暗的对比规律和画法进一步表现产品造型的立体感。

如果没有光，世界将一片黑暗。正因为有了光，世界在人们的眼里丰富多彩、五光十色。由于光线的作用，物体就有了明暗变化，而明暗变化能表现物体的体积感和空间感。

光线一般分为自然光与人工光，自然光来自太阳的光线，人工光是人造物发出的光线。自然光是平行光线，而人工光是辐射光线。在产品设计表现图中，多采用平行光线。

在设计表现图里，为了便于程式化表现，人们常假设一种标准光源：从物体的左上角45°或右上角45°投射而来的平行光源。物体被光直接照射的面成为受光面。高光是物体表面受光最充足、反射最强、亮度最高的部位，即光线与物体表面垂直的部位。高光常常变现为一个点、一条细线或一个小面。光线照不到的面称为背光面。暗面受到地面及周围环境光的反射而形成反光面。在亮部与暗部的交界处，光线通过物体的切点不反光，形成最暗处，称为明暗交界线。阴影是暗面阻碍光线的投射而形成的。

投影可以营造表现图的真实感和重叠感，还可以起到烘托主体的作用。画阴影时不一定要完全依其实际投影的理论画法，设计表现图的阴影表现主要依画面效果而定。

光线使物体产生丰富的调子，一个球体仅用线条画个圆圈是表达不出它的主体形态的，必须用明暗调子才能表现其主体感。物体的明暗变化规律可细分为三大面（亮面、次亮面、背光面）和五大调子（亮、次亮、明暗交界线、次暗、反光）。

在设计表现图中，最为重要的是高光与明暗交界线。明暗交界线是表达物体立体感的关键。任何复杂的物体都可以被分解成基本的几何体。一般画法为：留出亮面，画出明暗交界线，画阴影。

4.1.3 材质表现

4.1.3.1 材质表现的意义

产品由材料构成，质感是材料给人的视觉反映，不同的材料和不同的表面工艺处理会产生不同的质感效果。人们对质感的反映，往往不是靠触觉，而是靠以往的视觉经验来获得，例如白色的玉和白色的羽毛、白色的雪花的质感感觉各不相同。材料的质地有粗细、硬软、松紧、透光与不透光、反光与不反光等区别，可以通过笔触的运用以及利用材料本身的色彩关系来表现它们的特征。除了表现物体固有色外，对物体透光和反光程度的描绘是表达材质最主要的方法。质感的处理是产品造型设计的重要因素，因此，表现质感特征是设计表现图的基本要求之一。

4.1.3.2 材质的分类

产品的材质种类繁多，其质感特征各不相同。即便是同一种材料、不同的加工处理工艺也会产生不同的视觉效果，其实各种质感形成的本质是由于不同材质的表面对光的反映和吸收的结果。材质种类繁多，无法一一列举，但将材质归纳起来，可大致分为以下几类：

（1）反光而不透光的材料。这类材料在产品中应用最为广泛。如各种金属、陶瓷、不透明工程塑料、镜材、油漆涂饰表面。

（2）反光且透光的材料。这类材料主要有透明和有色玻璃、有机玻璃、透明或半透明工程塑料、水晶、钻石等。

（3）不反光也不透光的材料。这类材料主要有橡胶、未经涂饰的木材或涂饰亚光材料的木材、亚光塑料、密编纺织物（如呢、布、绒）、海绵、皮革和石材等。

（4）不反光而透光的材料。这类材料主要是一些网状的编织物，如纱网、纱巾等。

4.1.3.3 材质的表现

多数金属在加工后有强度高、质地细腻、光洁度好的特点，表面的明暗和光彩的反差极大，往往产生强烈的高光和阴影，而且对光源色和环境色也极为敏感。表达这类材质的技巧是要强调明暗反差、光影的对比，用笔要肯定，边缘要清晰，有时要根据物体表面形体特点采用不同的运笔方向，并加入适当的光源色和环境色。

塑料因表面处理工艺的不同，有反光、半反光和亚光几种效果。塑料表面肌理均匀温和，明暗反差没有金属材料强烈，尤其是反光、半反光效果的表面。表达这类材料的技巧是要注意黑白灰柔和的对比，表达反光、半反光效果的塑料用笔要相对肯定，留出一定的笔触。表达亚光的塑料用笔要相对轻柔，笔触不要太明显。

反光且透光的透明体材料特点主要有反射和折射光、高光强烈、边缘清晰、光影变化丰富、透光。表达这类材质的技巧是借助于环境底色或产品本身内部结构，画出产品的形态和厚度，强调物体轮廓与光影变化，强调高光。由于这类材质具有透明性，其色彩往往透映出它所遮挡的部分或背景的形体和色彩，只是色彩要略浅或略灰一些。如果透明体本身有色的话，表现时则在此基础上加上它本身的色彩倾向。

不反光也不透光材料的特点是吸光均匀、不反光、表面有材质纹理显现。在表达这类材质时，用笔和用色要含蓄均匀，对肌理要把握其主要特征，加以提炼表现即可。在肌理表现中常采用拓印的方法快速获得某种特殊的肌理效果，具体做法是在表现图下衬垫一块带有所需肌理的材料，然后用笔在需要肌理的部位图画，即可获得肌理效果。有时也可用带肌理的材料直接在画面上进行处理而获得肌理效果。这种拓印的方法也常用来表现不反光而透光的材料，如纱、网等。

显示屏属于强反光材料，易受环境色和光源色的影响，在不同的环境下，会呈现不同的明暗变化。表达技巧要注意使明暗过渡强烈，高光处可留白不画或用白铅笔、色粉、水粉提亮，可加入些环境色和光源色，加重暗部处理，笔触整齐规则、干净利落。

总的来说，在表达产品中软质材料的时候，要注意着色均匀、线条流畅柔和、明暗对比柔和，几乎不强调高光。表达硬质材料时，要注意块面分明、结构清晰、线条挺拔明确。

4.1.4　画面的艺术处理

画面的艺术处理主要包括画面的构图、背景处理及装帧托裱，这些问题是画面的重要组成部分，处理好这些问题，能使画面获得良好的视觉效果，也体现了设计师严谨的工作作风、工作态度和良好的艺术感受。

4.1.4.1　画面的构图

画面的构图即画面的组织和布局，包括画面幅式、产品在画面上的相对位置和面积。

设计表现图有横式、竖式和方形三种基本幅式，画面幅式的选择和长宽比例并无定则，一般根据表现的产品的形态、描绘的角度和方向以及特定的表现意图来决定，横式、竖式的幅式较常用。

产品在画面上的相对位置要适当。在画面中，一般将产品正面前方和产品下方的空间留大一些，这样的构图符合人的视觉习惯，比较均衡而不呆板。如果产品在画面上位置过于偏上或偏下、偏左或偏右，都会使画面显得不平衡，而产品居中，构图则会显得呆板。

产品在画面上占的面积的大小与周围的空间比例关系（即画面容量）要适当。在构图时，产品占的面积过大，画面会显得拥挤，空间感和纵深感不易表现；而产品占的面积过小，画面则显得空旷、冷清、不饱满。产品在画面上所占面积的大小通常靠感觉和经验来确定，也可利用辅助性元素（画面四边中心点的连接）来控制。在实际表现中，也常将实际体量较小的产品面积画得小一些，而将实际体量较大的产品面积画得大一些。这样可使产品的尺度感更强。

4.1.4.2　背景

产品设计表现图在处理背景时，通常只是作为一种抽象衬托，一般不受真实环境和主体对象物的局限，其目的仅是为了突出对象物或为了作图的方便。产品设计表现图常用背景衬色来起到界定画面空间、衬托和反衬主题对象的作用。在实际表现背景时，可以平涂一个色块，也可以作渐变渲染和留有笔触的涂刷，还可以用画边框线或简单的线条来处理。背景处理的原则是要根据设计表现的需要加以灵活运用，如留有明显笔触方向和痕迹的衬色可以增加画面的运动感或某种气氛，使画面显得更加生动活泼。要注意背景色作为环境色和条件色进行适当的表现。

4.1.4.3　装帧

装帧是设计表现图最后一件重要的工作。俗话说"三分画，七分裱"，恰当的装帧处理将提高设计表现图的整体质量，给人以良好的视觉感受。装帧处理并无一定的规定，应根据不同的情况分别处理，其基本原则是突出主体而不能破坏表现图的整体效果，方便沟通、陈列展示和保存。常用而简便的方法是要根据设计表现图的明暗、色调、色彩纯度等，选择有一定厚度、质地结实的黑、白、灰纸（有时用有色纸）衬在设计表现图下面，留出恰当的边框即可。

4.1.5　产品造型形式美原理及其表现特征

产品造型设计的美与一般造型艺术的美，在有着共性的基础上亦有其特异性。一般造型艺术的美是一种纯自然的美，它可以是自然形成的，也可以由艺术家的灵感产生，只要被少数知音所了解，便可以视为成功。但是产品造型设计的美必须满足某一特定人群中大多数人的需要。因此，产品造型设计不能以设计师个人美学好恶来取舍，而应以满足大多数消费对象为前提。基本的美学原则会为大多数人所接受，设计师只有根据这些基本原则去延伸和扩张，才能取得比较满意的设计效果。一个好的产品设计，必须满足造型美观、方便使用、节约材料、便于加工、满足功能需求、符合市场流行趋势等要求。

产品的形态美是产品造型设计的核心，它的基本美学特点和规律，概括起来，主要包括统一与变化、对称平衡与非对称平衡、分割与比例（包括数学上的等差级数、等比级数、调和级数、黄金比例等强调与调和、错视觉的应用等）。

产品设计师应在变化与统一中求得产品形态的对比和协调，在对称的均衡中求得安定和轻巧，在比例与尺度中求得节奏和韵律，在主次和同异中求得层次和整体。通过对比表现产品的形态差异性，突出产品造型重点，从而获得强烈的视觉效果；通过协调使产品形态间呈现相互渗透的和谐艺术特征；通过均衡使形态各部分之间在距离长短、分量轻重、体量大小上都不完全相同，产品形态的局部变化给人以视觉上的平衡感；通过节奏和韵律则表现产品形态的连续交错和有规律的排列组合特点。

产品的形式美特征表现有：1）体量感，包括体积感和量感（物理量感和心理量感）；2）产品的动感，具有生命力的东西就蕴涵着动；3）秩序，从产品形态变化的各种因素中寻找一种规律和统一性；4）稳定感，包括产品在物理上和视觉上的稳定；5）产品形态的独创性，在科学合理的基础上通过创造性思维，进行大胆的探索和实践，包括产品形态的新颖感、结构材料的新颖性和产品主题内容的新颖性。

4.2　产品设计表现与技法

概括地说，产品设计的程序是：方案构思——评价——方案具体化——再评价——各部细节设计。这是一个多次往复、循序渐进的过程。在设计过程中的不同工作阶段，思考的重点不同，表现技法亦有层次上的不同。表现技法通常分为方案构思草图、产品效果图和精细效果图三种。

4.2.1　产品表现技法的类型

在设计的最初阶段，设计师针对设计中发现的问题，运用自己的经验和创造能力，寻找一切解决问题的可能性。这是设计师智慧闪光的时候。许多新的想法稍纵即逝，因此设计师应随时以简单而概括的图形（包括说明文字）记录下任何一个构思。构思草图暂求量多而不求质高，因为初期的设计构思没有经过细致的分析和评价，每个构思都表现了产品设计的一个发展方向，孕育未来发展的可能性，同时也可能是不现实而无法继续深入的。在这个阶段，设计师要求的是画图的速度和质量，尽可能多的提供设计构思草图，为进一步深入设计开拓空间，并作为与设计参与人员研究、探讨的素材。此时，设计师的精力应集中于设计方案的创新上，对绘图质量的苛求会消耗大量的时间并妨碍设计思维的扩展。

在对构思草图不同设计发展的研讨中，设计师便择优确定其中可行性较高的设计方案并作重点培育。将最初概念性的构思展开，逐层深入，较成熟的产品雏形便逐渐产生出来。经过这段工作后的设计方案，产品的主要信息即产品外观形态的特征、内部的构造、使用的加工工艺和材料等，都可以大致确定下来。由于需要让其他人员更清楚地了解设计方案，效果图的绘制应确定得较为清晰、严谨，同时具有多样化的特点，以提供选择的余地。这时还是设计方案发展变化的时期，效果图表现的未必是最后的设计结果。为了提高工作效率，除了重视产品效果图的质量外，仍要把握绘图的速度，许多设计细节可概括或者省略，留待以后探讨。

通过设计方案的深入和完善，不仅产品设计的总体构想，而且包括产品设计的每个细节的具体部分都明确无误地设计完成，此时的产品效果图就是精细效果图。精细效果图要详实、准确地描绘产品的全貌，产品外观形态所包含的形状、色彩、材料质感特征、表面处理以及工艺和结构关系，都应尽可能全面地表现出来。绘制产品精细效果图的目的是为涉及产品开发的所有部门（诸如设计审核、模具制作、产品加工等），提供产品最后完成的技术依据。通常，精细效果图还应该配有说明产品尺寸、比例关系以及工艺手段等方面的技术内容，以便让参加研制和生产的工程技术人员获得必要的数据。

以上不同层次的表现技法类型，设计师可以根据所处的设计阶段和被设计产品的类型来灵活应用。对于较小型的产品设计，有经验的设计师往往直接以加工制造业通用的工程制图法来传达设计构想。但对于规模较大的设计项目，为了控制住更复杂的设计因素，则有必要按照设计程序循序渐进，在设计发展的不同阶段，运用不同类型的表现技法来传达设计构想。

4.2.2　徒手表达方式

4.2.2.1　徒手表达的作用

（1）收集信息。设计师要经常用图形来记录国内外优秀的设计信息、设计动态、流行时尚及优秀作品。对于市场中出现的新产品，以及在图书资料中出现的各种产品设计与创新信息，设计师往往采用一些局部放大图，记下其中比较特殊和复杂的结构或造型。这些图形表现较之文字记录更加明确直观，可以弥补文字表达的不足。而这些信息都是设计师在方案构思时的起点依据和创造元素，一个优秀的设计师要真正做到笔不离手。

（2）记录构思。设计师平时要注意观察生活，及时记录人们在各种生活和工作环境中出现的问题和新的需求，总结其经验，及时记录自己对社会、自然或生活以及技术等各方面的思考和设计灵感。

（3）激发构思。设计师在方案构思过程中，有的方案是不成立需要放弃的，有的方案是需要进一步深化的，有些方案是可以互相打散再重新整合的，快速的徒手设计表达可以对众多的方案进行直观的评价、比较、筛选，以供进一步深化，或由此而产生新的灵感和构思。

（4）设计交流。工业设计是一个群体的工作，设计师往往要和工程技术人员进行交流和配合，要和市场销售人员对产品进行预测，设计效果图是最清晰、最明确、最直观的交流语言。

（5）辅助决策。准确生动的产品预想图可以为企业决策者对新产品开发提供直观判断，增加领导对新产品投入市场的信心。

（6）树立信心。快速、准确、生动的徒手表现图能够激发设计师设计构思的热情，树立设计信心。

4.2.2.2　徒手表达的基础训练

（1）结构素描。所谓"结构素描"即是用线条来表现形态的外观结构和内在结构关系，探索其形态构成规律，达到认识形态、理解形态的目的。它的优越性在于形态、结构、技术、材料等综合的训练，表现手段与设计思维的统一。设计师如果仅有"写生"的描述能力，是无法对产品结构进行思考和推敲的。为锻炼设计师理解基本构成形态在视点移动的条件下所引起的各种透视角度的形态变化规律，就必须加强结构素描的练习。这是工业设计专业一门必修的表现基础课。

（2）钢笔速写。用线快速、简洁、准确地表现物体，这是钢笔速写的目的，因此除了重视事物的比例、大小、色彩与质感外，更偏重于传达意念。在钢笔速写时，设计师不必像画家那样去力求尽善尽美，但钢笔速写作为一种常用的设计表现手法，仍需下很多的工夫，才能达到得心应手的效果，为今后的设计表现打下牢固的基础和提供丰富的素材。作为一种技法，是要靠平时大量的练习才能掌握的。

（3）构成及其他。20世纪初，从德国"包豪斯"学校发展起来的三大构成的组合构成方法，对现代和未来设计产生了极大的影响，有的可以直接用于设计。它不仅提供给设计师形象创造的手段和形态选择的机会，更为重要的是训练和培养他们平面、立体和色彩的逻辑与形象思维能力。为了加强工业设计的形象基础，三大构成的学习是不可忽视的一课。

（4）色彩归纳。研究光与色之间的关系，捕捉生活中各种材质的表达形式。色彩归纳不同于色彩写生，色彩写生是直接以实物为对象而进行描绘的作画方式，着重于训练描绘者的感觉，着重于培养描绘者的观察分析能力。而色彩归纳则是以色彩写生为基础，把对物象的色彩感觉通过概括、提炼，使物象所呈现的纷杂自然色彩变化，通过有规律、有秩序的用色方法，变为简练、统一、和谐而不失生动的一种表现手法。

4.2.2.3　设计方案草图

设计师通常追求的是创造力和想像力。在设计过程中，方案草图起着重要作用。它不仅可在很短的时间里将设计师思想中闪现的每一个灵感快速地用可视的形象表现出来，而且通过设计草图可以对现有的构思进行分析而产生新的创意，直到取得满意的概念乃至设计的完成。

设计草图的表现方法较为简单，只依靠速写的手法（诸如钢笔、蜡笔、签字笔、圆珠笔、彩色铅笔、麦克笔、彩色水笔等书写工具及普通的纸张）就可完成。有些需标明色彩的，在钢笔速写的基础上略施以淡彩，有时可根据需要标出部分使用的材料、功能及加工工艺要求，使之较清楚的展现创意方案。这种快速简便的方法有助于设计思维的扩展和完善，随着构思的深入而贯穿于设计的始末。

方案草图是将创造性的思维活动转换为可视形象的重要方法。换句话说，就是利用不同的绘画工具在二维的平面上，运用透视法则，融合绘画的知识技能，将浮现在脑海中的创意真实有效地表达出来。人们把物象用可视化的语言表达出来并不太简单，一切目的都是为了视觉上的表达和交流。一个工业设计师如果不能通过描绘可视化的方式来表达自己的设计构思，就好比作家不能通过文字语言来表达自己的思想感情一样。

在这个阶段，设计师的精力应集中于设计方案的创新上，构思草图要求量多而未必质高，便于及时地将一些仅仅是零星的、不完善的，有时甚至是荒诞的初步形态记录下来，为以后的设计提供较丰富的方案依据，从而进行比较、联想、综合，形成新设想的基础。这些草图未必质量高，只是记录一些随时闪现在脑海中的还不确定的构思，有时构思未必正确甚至荒诞，但这是在为最后方案积累素材，是相当重要的一个过程，许多好的构思即在这一过程中凸显出来。

4.2.2.4　设计方案效果图

随着创意逐渐深入，在众多的方案草图中，通过比较、筛选，产生出较佳的几个方案。为了进行更深层的表述，需将最初概念性的构思再展开、深入，这样较成熟的产品设计雏形便逐渐产生出来，这就需要效果图来表现。

为了让有关人员更清楚地了解设计方案，此时效果图的绘制应表现得较为清晰、严谨，同时具有多样化的特点，以提供选择的余地，如形态、结构，各种角度、比例、色彩等。如果这一阶段效果图的表现技巧较差，不能给人视觉上的认可，方案则很难通过。这时的效果图表现未必是最后的设计结果，还需在反复的评价中优化方案，除重视产品效果图的质量外，还要把握绘图的速度，明确主要的结构形态。对一些无关紧要的细节部分进行概括或省略。经过这段工作后的设计方案、产品设计的主要信息，即产品的外观形态特征、内部的构造、使用功能及加工工艺和材料等，都可大致确定下来，以便进一步的选择、评价、完善设计。

初级阶段的效果图，是为了能够使客户看得更清楚。在表现上既要画得简洁鲜明，又要画得充分丰富，目的是必须让人看得明白。表现效果图的技法有许多种，表现工具主要有水粉、彩色铅笔、麦克笔、透明水色颜料、喷绘等。

A　彩铅画法

彩铅画法没有什么固定的模式，在基本速写要求的前提下，把你所表现的颜色在画面上体现出来。其中有一种可溶性彩铅，完全可以把你的中间色表达出来，色彩过度柔和、鲜艳、整洁。在作画之前，最好还是先起个大概形体，包括画面的构图、比例、对比、明暗、体积等（铅笔勾勒，淡淡的），然后开始画画面的最暗部，一定要画重，其次画中间色，最后用白色可以提亮高光或亮部。还有就是铅笔和彩铅相结合，一般钢笔和彩铅相结合的方法比较多，也较流行，在暗部可以用钢笔画出线条，来加强物体的体积感（图4-2）。

图 4-2　彩铅画法

B　钢笔淡彩画法

钢笔淡彩画法是用钢笔勾勒出设计产品的结构、造型的轮廓线，然后再施以淡彩表现出物体的光与彩的关系，从而使画面获得生动活泼的单色立体和多色立体的画面效果。

钢笔淡彩最初起源于绘画艺术的钢笔草图或钢笔速写。钢笔草图是艺术大师们进行创作构思的最初手稿。钢笔速写是艺术大师们用来搜集积累素材的一种有效的画法。最初用来作画的工具是鹅毛管笔，而自来水钢笔的问世，为画家和设计师提供了更为便利的作画工具，并被广泛使用。

钢笔在人们的生活中司空见惯，几乎人人都离不开它。工业设计师在新产品的开发阶段，为能迅速地将自己的想法记录下来并使之展开，首先利用自己身上携带的钢笔，进行推敲、琢磨。设计师的构思必须通过企业或厂商的认可才能达到目的，为了使企业或厂商能够接受你的构思与设想，并愿意投资，作为信息传递的工具——产品预想图——就成为必不可少的一种媒介。

钢笔淡彩不仅适合于广泛的设计题材，如从生活日用品、家用电器、家具、室内设计、服装设计、器皿设计到交通工具、机床等的造型设计，而且在设计表达中具有较强的伸缩性，如从最初的设计雏形——单线草图，设计的展开——单线施以淡彩到更严谨的透视预想图——深入刻画。在日本及欧洲的设计师们还有直接在三视图上描出墨线，着上透明色，作为设计预想图，效果甚佳。目前这种方法在国外很流行，这和快速挥发透明颜料的产生与发展有着密切的关系，因此这种方法具有非常广阔的前景（图4-3）。

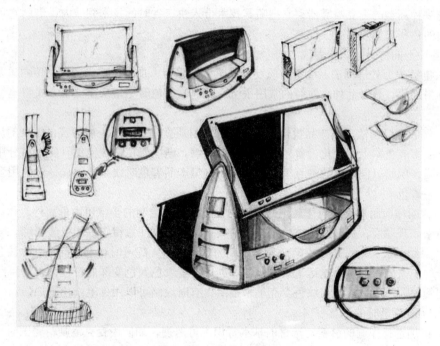

图 4-3 钢笔淡彩画法

C 麦克笔画法

麦克笔是一种便于携带、速度快、易表现、质感强、色彩系列丰富，很受设计师欢迎的一种表现工具。

a 平涂

平涂是麦克笔画法最基本的画法之一，也是最重要的技巧之一。

徒手平涂最容易表现塑胶、电镀、玻璃等材质。但徒手平涂也最容易留下过于明显的接触笔触。通常运用较浅色的麦克笔重复平涂，使笔触晕开消失。当然多次平涂也会使颜色更深，同时如果纸张选择不当也会伤害纸面。对于不同的材质各有不同的表现方法，有些要求留下笔触，有些则要求最好没有笔触。

b 点描

应用针笔、铅笔、蘸水笔等粗细不同的笔尖点出浓密稀疏的点，同时控制颜色深浅以绘出物体的形状。

c　渲染

利用颜料的渗透性与相溶性来表现色彩深浅浓淡的渐层。用麦克笔绘画时，以浅色带动深色可达到渲染的变化或是加溶剂做出渲染的效果。

d　物体基本着色法

直接平涂法。直接平涂物体本体，在产品表现技法上最为困难。但此法更能精确忠实地表现产品的外观、材质。平涂时，利用渐层的变化即可表现明暗。最后亦可用不同的背景处理来衬托产品。

利用背景渐近。在产品外观设计过程中，利用背景渐层画法最能迅速多样化地表现设计师的设计构想。图例渐层较深的部分画在立方体的假设阴暗面。在画产品时，则可选在最重要的部分更清楚地表现设计特点。

还有一种新型的麦克喷雾器，它把喷雾技术带入快速省时的技术领域内，借助它可以快速得到均匀的色彩喷雾效果。

e　各种不同材料的质感表现

（1）电镀表面处理画法。电镀材质反光通常较为强烈，加白色广告颜料的留白以及运用黑色广告颜料加黑，是画此种材质时的常用手法。麦克笔着色时尽量采用徒手方式将笔触晕染使其消失。

（2）塑胶制品画法。在产品设计上最常表现的材质就是塑胶。一般而言，塑胶的反光亦很强烈且产品多有色彩上的变化，着色时尽量消除笔触，渐层着色常被使用。反光部分用白色广告颜料加强，明暗以同系列的麦克笔处理。几何造型产品着色时线条要硬，一般使用含水较多的麦克笔来着色。

（3）透明体面画法。透明体表现最重要的是速度感，绘制的步骤可由里而外，积线须用加深麦克笔来表现厚度，通常透明体由于材质的关系，画时要注意留白以加强透明感。

（4）木纹画法。木纹是麦克笔最容易表现的材质之一。练习时可选用同系列木纹色，用新的或半干的笔来画，徒手快速运笔效果较佳。利用覆盖着色颜色变深的特性，可将纹路表现出来。不同的材质可用适当的木纹色麦克笔来描绘，有时纹路可以用黑笔或色笔加强。

f　使用麦克笔时的注意事项

（1）正确选择作画的材料。选材的基本常识不可忽视，如使用麦克笔画精密图时，就不可选用宣纸；平涂麦克笔时，不能选用光滑卡纸和渗透性强的纸；广告颜料应该在卡纸上挥洒而不适用于粗糙的素描纸。选择纸材虽然只是选材中的一环，但因纸在绘画过程具有相当的重要性，所以不能轻易忽视。

（2）正确选择工具。在练习中，培养正确使用工具的好习惯。所有形体都是有弧形与直线所构成。如果要人以徒手绘制精密的形体几乎是不可能的，因人手具有惯性和方向性，对于弧的控制尤其困难，特别是在画透视图中的圆弧时，因此为了画出正确的形体就必须借用精密的辅助工具。另外由于脉搏跳动、呼吸等现象的影响，使得在同样的条件下所绘的圆弧会有不匀的情况，所以与其依靠双手，不如养成使用工具的习惯。辅助工具的范围极广，有喷枪、水彩、广告颜料、色粉、水性和油性的麦克笔、剪贴工具、各种曲线尺板和圆模板等。根据表现方法不同来选择不同的工具。

（3）防止光源混乱。设计作业中通常都有标准光的设定，一般以左右上方光源为标准光的来源。所有物体在这种光线照射下都能产生明朗的形体，其他如主光、漫射光、反光、强反光、阳面、阴面等都在同一光源照射出凹凸有致的形体。倘若光线复杂，我们可用冷、暖光线加强对比，避免混乱，也可以反光处理，但不能两种光线同样强度，否则会造成光线混乱的现象使形体的层次表现模糊不清。

（4）涂色应生动。绘画者要仔细观察平面上的光线变化，如有反光、投影都要用适当的笔触加以表现，以示不同，才不会使画面呆板失真。因此不能在平面上以平涂同一种色彩了事，若以相同笔法、明度、色相、笔调表现，就不会使画面生动。

（5）笔触要整体。琐碎的笔触会破坏画面的完整性，尤其是在画反光面时更容易出现琐碎笔触的情况。笔触必须一气呵成、贯穿始终、有头有尾，避免因犹豫不定而产生的顿挫、重复、中断、轻重不一等现象。

（6）表现前后要分清。透视图中有前景、中景、远景之分。就线条而言，前景部分是较重、粗而鲜明的线条，远景则是较轻、淡而细的线条。物体的各个面本身在前后处理上也应有强弱之分。就色彩而言，前景是对比强、轮廓清晰、彩度高的色彩，远景则是彩度低、轮廓模糊、对比温和的色彩。点高光也要有前后区别。绘画时应依前后的不同而有线条的粗细变化，色彩的浓度和高低彩度的变化，千万不能一视同仁，前后不分。

（7）注意阴影的正确表现。阴影在表现图中占有非常重要的位置，它的好坏、正确与否关系到所表达对象的正确性与画面的生动程度。在描绘物体时，需注意物体的形状与光影的关系。任何光线都不能违背光的原则：光若从西边来，阴影就要落在东边；反光不要超过主光。这些道理虽然世人皆知，但却是一般人最容易疏忽的事。尤其在处理阴影时，要在明度上有所变化，如果不按照光影比例变化明度，就会造成阴影的错误，要特别注意。

（8）其他注意事项。考虑新旧笔的选择运用，以利不同之表现需求；运笔要快，徒手或者工具视表现材质之需要而定；着色前务必将铅笔稿擦拭至可辨别程度；务必擦净使用过的三角板等尺规痕迹，保持图面清洁；绘图选择日制 PM 纸时，着色尽量避免多次重复；着色不要太靠近轮廓线以免色彩涂出轮廓外；运笔轻重控制适当，切忌重压以免损害笔头；与色粉混合运用时应先书麦克笔再涂色粉，使用后盖子盖紧收藏于阴暗处，避免阳光直射（图4-4）。

图 4-4 麦克笔画法

D 色粉画法

用色粉进行表现图的绘制，这种方法已被国内外很多设计师所接受，特别是国外的汽车设计行业早已广泛采用。色粉画的主要特点是可以绘制出大面积十分平滑的过渡面和柔和的反光，特别适合绘制各种双曲面以及以曲面为主的复杂形体；在质感刻画方面对于玻璃、高反光金属等的质感有着很强的表现力。特别值得一提的是这种表现技法与喷绘等其他技法相比更具有优势，即能在短时间内达到很好的效果。

　　a　色粉表现图所用的工具

　　（1）不同颜色色粉。常见的色粉实际上是以色粉粉末压制的长方形小棒，一般从数十色到数百色不等。颜色上一般分为纯色系、冷灰和暖灰色系。

　　（2）色粉画专用纸。这种纸的特性同一般的纸不同，它的表面有很多细小的微坑，便于色粉的粉末能十分容易地附着在纸的表面。而且这种纸呈半透明状，便于进行正反双面的绘制。

　　（3）色粉辅助粉。通常用婴儿的爽身粉。

　　（4）色粉定画喷剂。这是一种特殊的定画喷剂，它最大的特点是使浮在纸表面的色粉粉末能进入纸面细小的微坑，使得色粉能很好地附着在纸的表面。

　　（5）低黏度薄膜。用于在绘画时进行遮挡。

　　（6）麦克笔添加剂。同色粉粉末混合后进行背景的绘制。

　　b　色粉表现图的基本技法和步骤

　　（1）起稿阶段。首先在色粉专用纸上用铅笔或细的签字笔起稿，然后用麦克笔在纸的背面将重的阴影和边缘线绘出。

　　（2）贴低黏度薄膜。在色粉纸上贴好低黏度薄膜，并根据绘制的要求用专用刻刀将要着色的部分刻出并取下。

　　（3）着色阶段。用刀把粉棒刮成很细的粉末状，然后加入20%左右的辅助滑石粉，并混合均匀。用色粉专用棉条或棉花团将纯的辅助色粉轻轻涂在纸的表面，这一步是为上色做准备，以便能在着色时比较光滑、顺畅。用色粉专用棉条将已调好的色粉颜色用力擦到纸面上，颜色要由浅入深逐步着色。上色时首先将被表现物最大的过渡面画出，然后再进入细节刻画。大的颜色和明暗关系表现完了就进入细节刻画，对已完成的图面的轮廓进行再次的修正。

　　（4）背景的上色阶段。首先用低黏度薄膜将画面的主体遮盖住，再用麦克笔添加剂同色粉粉末相混合，然后快速涂于画面，笔触要轻松奔放，起到烘托气氛的作用。

　　（5）装裱阶段。因为色粉专用纸为半透明状，所以要用白色的卡纸来作为衬托。用色粉定画喷剂将画面定画后，用低黏度喷胶将已绘制完成的画稿贴于衬纸之上，这样一张色粉表现图就完成了（图4-5）。

　　E　水粉画法

　　水粉（结合水彩）画法表现力很强，能把被表现物体的造型特征精致而准确地表现出来，水粉颜料有色泽鲜艳、浑厚、不透明（或半透明）等特点，有很好的覆盖性，较易于把握，是从事各专业设计的工作人员常采用的画种。

　　a　材料与工具

　　（1）颜料。水粉色是用矿物、化学或植物颜料粉加结合剂调成的，市场上出售的有瓶装和管装两种。管装颜料色质细腻，携带方便。

　　（2）画笔。常用的有羊毫扁平水粉笔和圆笔两种，以有弹性和蓄水量大者为好。扁平水粉笔可备有四五只不同规格的，圆笔可选用大白云、小白云，细部刻画用衣纹笔或小红毛笔即可。另外，可准备两三种不同规格的板刷，用来刷大面积的底色。

　　（3）纸张。以纸质坚而紧、吸水少、不渗化的白色纸张为宜。常用的有水彩纸、白卡纸、绘图纸等。各种纸的质地不同，表现的效果也有所差异。水彩纸表现纹理均匀，颜色的附着力

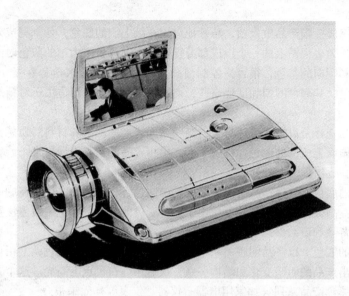

图 4-5 色粉画法

和显色性极好，能够多次重复覆盖，薄厚画法均宜，但由于其表现纹理的影响，细节刻画稍有困难。白卡纸表面光洁、显色性好、行笔畅顺，非常有利于描绘细节，备受专业设计人员青睐，但由于其纸基平滑，颜色不适于画得过厚。另外还可以使用有色纸来作画，处理得当效果也很好。

作画前应预先将纸裱在画板上，可避免褶皱变形。工业产品的形态多是规整、精细的，保持纸面平整是画好产品表现图的必要条件。

b 作画的一般步骤

（1）构思。如何表现好产品的设计构思，设计师在作画之前应认真考虑。对画面的整体效果和各部分细节的处理要有较清晰的设想。思索表达构思的构图安排、色调的选择、布局中主与从的关系、强调与减弱、概括与取舍的处理以及着色的先后次序等。

（2）起稿。使用铅笔起稿，如觉得直接画没有把握，可以先在草纸上起草图，推敲修改完毕后再使用拷贝纸转印到正稿上。要保证所表现的内容形态准确、构图舒适、透视准确、结构清晰。

（3）着色。由于水粉色具有较好的覆盖力，着色的步骤比较灵活自由，既可以先从暗部入手，逐渐向中间色和亮部推移，也可以从大块的中间色起画，然后加重暗部，提出亮部。

初上颜色时，要注意整体关系，落笔要大胆，不拘泥于细节，在宏观上控制画面的效果。

随着对作品的深入刻画，再逐渐由整体转入局部，细心刻画每个应表现的设计细节，并随时对画面的大关系进行调整，逐步完成作品。

最后加重最深部位，并点上最亮的高光。

c 湿画法与干画法

（1）湿画法。采用湿画法作画，笔与笔之间的衔接柔和、自然，没有明显的笔触，不同的色块溶合成一片，变化细腻，对于表现光滑、细致的物体和变化微妙的体面关系极为适宜，在画中运用很多。

（2）干画法。干画法是在底色干了以后根据物体的结构一笔一笔画上去的。笔触明显，画面效果强烈。对表现转折变化明显的部分，用干画法处理，会使重点极为突出。

d 借用底色法

为了快捷地完成一幅产品效果图，巧妙地借用在纸上刷的底色，是卓有成效的办法。这个方法可以使底色作为表现图上的一个组成部分保留下来，可省去大量的敷色时间。先行刷上具有一定明度和色彩倾向的基色，很容易控制住画面的整体色调。水粉是有很好覆盖力的颜料。在底色上再行着色，其颜色的饱和度要高些，而且稳定性好，特别适用于对精细部分进行深入刻画。

通常，底色的选择是以被表现产品上的某明暗面或产品上某种材料的质感为准。在作画的第一步，将整个画面上统一的底色，待其干后，再将产品的形态表现出来，调整画面的明暗和色彩的对比关系，逐层深入。

选用中间色的底色。选择产品明暗关系中的中间色，将其调为底色，在刷好基色的纸上加重产品的暗部，提高亮部。对于一些不适用于利用底色的细节部分可用覆盖法重新刻画，并可用辅助线来区分背景和产品形态。

选用暗部色的底色。以产品明暗关系中最暗的色调为底色，在此色调上用调和了水粉白的明亮颜色逐层画出产品的明暗变化和结构关系，最后用纯白色点上高光。这个方法对于表现工业制品中大量的黑色产品系列（如家用电器、仪器、仪表等）效果很好。

底色画法也可以借用有颜色的色纸来完成。目前，国产的色纸种类很少，有些色纸的纸质松软，吸色严重，不适宜作画。我们可以自己动手制作色纸，如用相应的颜色平涂在白纸上。

刷底色之前要先分析产品的质感特征，看其是反光强的材料还是不反光的材料。确定之后可以借助刷底色的浓淡、深浅和笔触衔接的变化，大致地将产品材料质感的特点表现出来。另外，底色可以刷得安逸、自由些，通过以后严格的整理和细心的描写，形成详实严谨与轻松洒脱的对比，使画面既有科学理性的表达内容，又不失活泼生动的气氛。

使用水粉颜料作为底色应尽量少用或者不用白粉调和，因为水粉本身有上浮的特性，使用白色过多，暗部深不下去会造成画面粉气。如果要画物底色很淡可以用水稀释到适当的程度，尽可能少使用白粉。

底色可以使用与纸幅大小相适应的羊毫或棕板刷来完成，羊毫板刷的特性是含水量大，含色饱满，笔与笔的衔接自然，浓淡转变自如。棕板刷的含水量要小些，笔锋挺拔，可以刷清晰的色彩纹理，但笔与笔的衔接较为困难。为消除这一缺陷，可预先将纸打湿，趁湿将底色画上。另外，还可以使用布、棉花或海绵刷底色，也可收到富有特色的效果。应极为注意的是刷底色要一气呵成、干净利落、不损坏纸面，切不可反复涂抹，将纸面拉毛。

e 彩色底浅层画法

根据所表现的对象的形态、色、质感选择浅层底色涂刷的形式及颜色。如用笔的疏密干湿深浅等，选择的标准是所要表现对象固有色及环境色，并在考虑成熟后方可动笔。涂刷底色时最好一气呵成，如有改动也最好趁湿下笔，这样有种空气感，表现出来更生动真实。在施加明暗时，最好用透明色或水粉、淡彩，这样能透视底色，表现出来的画面色彩会更统一。经过反复几轮的着色调整，加重最深的部位，最后点高光。高光要点得饱满（圆形或椭圆形高光点），如此会显得更生动。

f 注意事项

在绘制过程中，步骤明确，每次步骤一次画足。注意始终要保持整体效果，这样才能在深入绘制时心中有数，不致乱中出错。在刷底色时，注意尽量少用白粉，防止粉气。在绘制的过程中，要严格运用工具，绘出有力、流程的笔触，借以增强图画上的设计感（图4-6、图4-7）。

图 4-6 水粉画法一

图 4-7 水粉画法二

F 剪贴画法

预想图是表达工业设计意图的基本方法。它能把所设计的产品形象、直观地表现出来，使人一目了然。它是思维形象化的结果，因此也就是设计师必须掌握的造型手段，在整个设计程序中占有重要位置。

目前在日本和欧美，由于表现材料的改进，使表现方法增多，大大缩短了表现效果图的时间。当今国际上对工业设计预想图的要求是迅速准确地表现产品，而不是在效果图上花费更多的时间。这样能探讨简便的效果图表现方法显得尤为重要。

a 准备阶段

需准备的工具材料有 HB 铅笔、三角尺、丁字尺、裁纸刀（包括能裁直线和裁圆的几种刀）、剪刀、胶水、色铅笔、水彩笔、毛笔以及各种色纸。将上述工具准备完毕后，着手选择色纸。选择色纸时可以先从国内现有色纸样本中选择，如果色纸样本中无你设计表现所需的色纸，可以根据自己的需要制作出不同颜色，不同质感的色纸。因为这种方法基本不用描绘，主要是利用色纸的剪贴来完成，因此色纸的选择与制作是很关键的一步。一般的产品设计可选择三四种色纸，明度、色相、质地根据产品的需要确定。色纸选择出后便可起稿、制作。

b 绘制阶段

在所选择的色纸中，选出一张色度为中间调子的纸作为起稿纸。起稿所用工具一般有 HB 铅笔、三角尺、丁字尺等，按照你所设计产品的外形实际尺度或成比例缩小的尺度起稿，即可画正投影图也可画透视图。这一稿不用画得很细，只须表达出各部分（即各部件）之间关系的大致位置，但位置尺寸要准确，为下一步打下基础。至于细部可在每个部位上完成。

完成第一稿后便开始在另外的纸上画各部分的零部件图。根据各部分的质感、色彩分别在不同质感的纸上画出各部分的尺寸（仍用 HB 铅笔把各部分的位置画出），有些局部可用色铅笔画出效果图，但一般要求尽量利用纸的特性表现质感，少量描绘，这样能节省时间，适用于没有很多描绘能力的设计者。

c 制作阶段

各部分都分别在不同的纸上完成后进入制作阶段。这个阶段主要是用裁纸刀、圆刀、剪刀、直尺等工具将各部分裁下。

　　将所有部分都裁下后，在没贴到第一稿上之前，要把所有部分都放在第一稿上，这时要观察一下总体效果，如果这时发现有不协调之处，可进行调整、修改。因这时各部分都没贴上，每个部分都可以分别修改。如果整体效果基本良好，便可按第一稿的尺度贴在第一稿上。此时大体效果出现，大部分工作也已完成，剩下的只是局部深入刻画和小部分的调整，有些地方的效果应加强，有些地方应减弱。文字部分可用转印字根据需要印上，也可写上，局部刻画可用色铅笔和水粉来完成。

　　这时全部绘制工作已结束，也可就此完成这张设计预想图。但如将整个产品设计图部分裁下，裱到深颜色背景或浅颜色背景上，效果会更好。

4.2.2.5　设计效果图作品

　　在实际的表现实践中，有经验的设计师能够灵活地运用各种表现技法，一般是两种以上不同的表现手法在同一张效果图上应用，只要能表达创意中的构想都可放开手脚，互相结合，相互吸收，如干与湿、喷与画、水粉与色粉笔结合等，通过各种综合手段，可使画面获得理想的效果（图4-8）。

图 4-8　汽车效果图

4.2.3　数字化表达方式

　　在经济全球化和市场竞争白热化的今天，设计需求更为多样，设计作用日益显现。过去，产品循环的周期可长达 20 年；今天，最长的循环时间也很少能超过 30 周，产品常常是几个月就要更新换代。设计制造和流通销售的循环周期——创意、发明、革新或模仿——正逐步缩小。因此，推出新的设计、新的产品的企业必须在竞争对手仿制之前迅速占领市场。这对设计表达的效率、效果、与设计上下游的配合等方面提出了更高的要求，仅仅局限于传统的表达方式和工程手段已经与实际要求不相适应。因此，人们希望寻求一种质优价廉的开发平台来弥补传统表达方式的不足。

20世纪90年代以来，随着电脑的普及、网络的建立与扩张，所谓的信息社会悄然而至。以计算机科学为标志的数字化技术给设计领域带来了空前的繁荣，而各种设计数字化技术无一例外均建立在数字化表达基础上。

4.2.3.1 数字化表达的特点

A 设计表现展示向"无纸笔化"转变

计算机辅助产品设计，不需要各种各样的尺、规、笔、纸等传统工具，电脑的操作平台提供了用之不尽的空间，表现的实施过程就是鼠标的点击与键盘的操作、复制、修改等，从前繁杂的工作此时瞬间即可完成，而且干净、简单、高效。数字化仪与手写板（图4-9）的出现和普及，更使得设计在创意草图阶段也可以脱离纸笔手绘的传统模式，从而形成彻底的"无纸笔化"设计。这里需要强调一点，"无纸化"并不意味着可以抛弃手绘技法练习，光有手写板，没有过硬的手绘工夫，一样不能很好地表达创意。

图4-9 手绘压感图形图像输入产品

B 整体设计程序更具灵活性和高效性

计算机进入到设计领域中，取代了设计师的部分工作；根据计算机系统的特点，多用于完成设计过程中的理性分析、信息存储、建模表现等任务，由此引起了设计程序上的变化。在传统的设计程序中，设计师的大部分时间和精力用在完成制图、效果图和模型的表达上，以表达自己的设计思想与设计方案。现在计算机辅助工业设计软件可以快速、方便、高效的完成设计制图、不同角度的效果图、局部放大图、细节表达（参见图4-10的2005年度世界"名车"概

图4-10 克莱斯勒古普车概念设计

念设计——克莱斯勒吉普在不同视角、不同环境下的效果图和局部视图），同时可以直接生成三视图等工程图。如果采用手绘，这将是十分庞大的工作量，且不易修改，效果也不如电脑效果图。CAID 使设计师得以在设计程序上进行时间上的调整，将原先用在设计表达上的大部分时间，拆分到了概念分析、创意构思及选择评价等方面，同时，计算机的内容都是数字化的，文件复制没有任何损失。这样对同一设计，其他人也可共享，设计任务也可分阶段、分人、分地点完成，大大提高了工作效率。

C　产品开发周期缩短、设计成果更为真实可靠

工作效率的提高使产品开发周期明显缩短，计算机辅助制造使制作周期也大大缩短。计算机辅助设计的结果具有真实的立体效果和质感，尤其是数字化技术的迅速发展，使虚拟现实成为可能。计算机虚拟现实技术能使静止的设计结果成为虚拟的真实世界，人置身于真实的产品模拟使用环境中，以检验产品的各方面性能。

计算机辅助产品设计中，产品的生产工艺过程也可以通过计算机模拟出来，由此可以极大地增强生产计划的科学性和可靠性，并能及时发现和纠正设计阶段不易察觉的错误。

D　设计仿真和设计检验

利用 CAD 系统的三维图形功能，设计师可在计算机屏幕上模拟出所设计产品的外形状态，在设计之初就对产品进行优化。这样不但可使产品具有优越的品质、最低的消耗和最漂亮的外观，而且在新产品试投产前就可以对其制造过程中的结构、加工、装配、装饰和动态特征做到恰如其分的分析和检验，从而提高了产品设计的一次成功性，同时从根本上改变工业化时代由于批量化所带来的千篇一律的设计风格，从而满足人们对个性的追求。

4.2.3.2　数字化二维表达研究

数字化二维表达常用的软件主要有 Photoshop、CorelDraw、Freehand 等，其中 Photoshop 作为专业图像处理软件，应用最为广泛。除标志设计、广告招贴、网络页面等主流应用外，数字化二维表达还可以对渲染的效果图作修正，使其更加真实。在 CAD 或者 3DMAX 中制作的产品有时显得比较生硬，有时缺乏一些细节，因而显得不够真实，并且在色彩、饱和度等方面不一定符合要求。因此，有必要利用二维软件对图形进行进一步的修正和润饰，使作品更完美；同时通过二维表达，同样可以绘制产品效果图等。数字化二维表达的应用相当广泛，其具体应用如下：

（1）标志设计。标志设计可以使用 Photoshop 或 CorelDraw 来进行设计创意，可以快速、轻松完成制图，而且质量优于手绘效果。

（2）广告招贴。好的广告需要好的创意，而好创意要实现确非易事，Photoshop 的强大功能树立了它在平面广告设计行业中的地位，有了它才让无数的绝妙创意变成一幅幅完美的广告作品。

（3）色彩创意。Photoshop 的最强大之处在于它对自然色彩的真实再现，它创造出来的斑斓色彩，五光十色，让真实的大自然都自愧不如。一位广告大师曾说，我不是用构图来征服观众，我用的是色彩。同时，应用二维数字化表达软件，可以很方便地对产品进行色彩分析，重新进行产品色彩设计。

（4）产品展示图。现在的产品设计，在三维中渲染出效果图以后，为了更好地宣传、推出自己的作品，一般都精心设计制作出精美的作品展示效果图，比如学生的毕业设计、参赛作品设计等都要求制作最后的展示图，数字化二维表达软件可以帮你很好地展示自己的作品。

4.2.3.3　数字化三维表达研究

A　数字化三维表达常用软件

a　AutoCAD

AutoCAD 是人们最为熟悉、用途最为广泛的计算机辅助设计软件，目前国内的许多机械设

计、建筑设计的中文版专业软件的内核都是 AutoCAD。AutoCAD 最大的优势是绘制工程图，它专业性强，绘制精度高，几乎可以满足工程图中的所有精度要求。除此之外，AutoCAD 三维建模在建筑、室内设计中的运用相当广泛，但对产品建模却有一定的限制性。在产品造型设计中，AutoCAD 主要被用于工程制图。AutoCAD 还有一个特点，就是具有广泛的兼容性，为设计师在混合使用软件时，提供了广泛的交流性。

b　Rhinoceros（Rhino）

Rhino 是以 Nurbs 为主要构架的三维模型软件，因此在曲面造型特别是自由双曲面造型上有异常强大的功能，几乎能做出我们在产品造型中所能碰到的任何曲面。"倒角"也能在 Rhino 中轻松地完成。而且 Rhino 价格低廉、系统要求不高、建模能力强、易于操作，因此被工业设计师广泛使用。Rhino 稍有遗憾的就是其在渲染（Render）方面的功能不够理想。但其较强的兼容性，可将所建模型输出到其他的 CAD 软件或 3D 软件中去完成此项任务。所以工业设计师在使用 Rhino 设计产品时，在渲染上一般和 3DSMAX 等软件配合使用，以达到最佳的渲染效果。

c　3DSMAX

3DSMAX 是由 Autodesk 公司开发的微机动画制作系统，但作为计算机辅助产品造型设计方面来应用，主要不是运用其动画的制作功能，而是取其三维立体建模、场景灯光、材质编辑和渲染等功能，并以其方便的操作和出色的效果，深受广大设计师的喜爱。3DSMAX 由于有参数尺寸直接键入的功能和强大的 Nurbs 曲面功能，制作出来的模型精度极高，且所建模型的占有容量不大，在一般的 PC 机上都能自如运用，与 Rhino 相比，3DSMAX 较难操作，在曲面建模上的容易度及产品造型中关键的倒角处理上不如 Rhino。尽管如此，3DSMAX 仍以其优异的性能价格比，成为工业设计师使用率最高的软件之一。

d　Alias

Alias 是一套相当专业的工业设计与模拟动画的软件，在工程设计上，它擅长表达概念阶段的造型设计，让设计者能够快速地将构想的草图，以逼真的三维模型呈现在眼前。另外，Alias 是一套以曲面模型（Surface Model）为基础的软件，用户在设计过程中，不必局限于传统实体模型（Solid Model）在参考面的设置（Datum Definition），在约束条件（Constraint）的限制下绘制模型。让用户的创意造型随着意念走，轻松地利用计算机建立的三维模型发挥出个人创意。

此外还有很多软件，比如 Pro/ENGINEER（Pro/E）、Softimage、UG 等，都各有其突出的特色。这里应该提出的是，我们不是要去掌握所有的软件，它们毕竟只是工具，我们只要选择合适的软件作深入的学习，尽量挖掘它们的潜力，能够用来准确表达我们的设计构思就可以了。学习软件有时候难免很枯燥，需要毅力，但真正熟练后你会感觉到淋漓尽致地表达设计思想后的愉悦。

B　虚拟设计

随着科学的发展与信息技术的应用，虚拟设计技术已经开始使用于企业的生产与制造之中，使虚拟设计技术得到有效提升，加强了设计人员对虚拟设计技术的应用，特别是在企业进行新产品开发的设计与制造阶段，更受重视。虚拟设计（Virtual Design）属于多学科交叉技术，涉及众多的学科和专业技术知识，它是随着科学技术的发展，特别是计算机辅助技术的发展，开始广泛地应用于企业的生产与制造之中。由于虚拟设计技术在新产品开发过程中的应用，使产品设计实现更自然的人机交互，采用并行设计工作模式，系统考虑各种因素，使相关的人员之间相互理解、相互支持，把握了新产品开发周期的全过程，提高了产品设计的一次成功率。从而缩短产品开发周期，降低生产成本，提高了产品质量，给企业带来了更多的商机。

　　a　虚拟现实技术

　　虚拟现实技术是利用计算机技术建立一种逼真的虚拟环境，在这个环境中，人们的视觉、听觉和触觉等的感受像是在真实的环境中一样，即有身临其境的感觉，人们可以沉浸在这个环境中与环境进行实时交互。如图 4-11 所示为构建虚拟世界的部分硬件设备。

图 4-11　头盔显示器、三维鼠标、数据手套

　　在虚拟环境中，设计、制造和使用的产品并不是实物，不消耗实际材料，也不需要机床等设备，它只是一种图像和声音的所谓"数字产品"而已。利用这种数字产品，我们可以进行产品的外观审查和修改、装配模拟和干涉检查、机械的运动仿真、零件的加工模拟乃至产品的工作性能模拟与评价，以便在产品的生命周期的上游设计阶段就可以消除设计的缺陷、评价加工的可行性和合理性，预测产品的成本和使用性能，提出修改的措施和方法。虚拟现实技术为设计人员提供了艺术创造性思维的空间，使设计人员能够从理论认识到感性认识对产品进行设计、分析和评价，使设计人员在精神世界的存在中获得心灵自由，让设计更趋人性化、艺术化。

　　b　虚拟产品设计

　　将虚拟现实技术引入 CAD 环境，这将便于模拟新产品开发中产品的某些性能，又便于设计人员修正客户需求和对产品修改，实现快速的虚拟产品设计，大幅缩短产品设计周期。

　　在进行虚拟产品设计时，设计人员可以在具有全交互性的设计环境中，利用头盔显示器、具有触觉反馈功能的数据手套、操纵杆、三维位置跟踪器等装置，将视觉、听觉、触觉与虚拟概念产品模型相连，不仅可以进行虚拟的合作，产生一种身临其境的感觉，而且还可以实时地对整个虚拟产品设计过程进行检查、评估，实地解决设计中的决策问题，使设计思想得到综合。

　　又如，虚拟产品设计初级阶段的虚拟油泥建模（Virtual Clay Modeling），可以适应创造性设计过程所提出的直观要求，设计人员可以在虚拟环境空间中，利用轨迹跟踪系统削掉和涂抹虚拟的油泥材料。所设计的产品可得到精确的描述，物理模型能通过快速原型方法迅速制作出来。由于在思想的表达与信息的获取上解脱了束缚，设计人员的积极性与创造性将被有效激发。同时，在此基础上通过计算机仿真，可以达到改进产品方案设计的目的。

　　另外，虚拟产品设计与其他设计过程进行数字连接，可实现新产品开发过程的集成，使并行工程（Concurrent Engineering）得到充分体现与实施，从而缩短开发时间，降低开发成本，发挥设计人员的创造性潜能。并行设计是对产品及其相关过程集成、并行地进行设计，强调产品开发人员一开始就考虑产品从概念设计到消亡的整个生命周期里的所有相关因素的影响，把一切可能产生的错误、矛盾和冲突尽可能及早地发现和解决，以缩短产品开发周期，降低生产成本，提高产品质量。并行设计包含两个方面：一是多过程集成的并行设计，二是多个产品开发组协同的并行设计。虚拟产品设计是实现并行设计的重要手段，它在上述两个方面都可对并行设计提供有力的支持。

实践证明，数字化表达和徒手表达方式各有优劣，人们应该取长补短，结合起来使用，只要能将设计人员的思想更好地表达出来，不用去讨论手绘好还是电脑好。它们都是为我们的思想服务的，不是对立的，而是完全可以相容互补的，因此两者都不能放弃。

4.3 工业产品造型设计的色彩运用

色彩能美化产品和环境，满足人们的审美要求，提高产品的外观质量，增强产品的市场竞争力。合理的色彩设计，能对人的生理、心理产生良好的影响，克服疲劳，心情舒畅，精力集中，降低差错，提高效率。工业产品的色彩设计，总的要求是使产品的物质功能，使用环境与人们的心理产生统一、协调的感觉，在色彩设计时，通过色彩显示产品功能是色彩设计的首要任务。那么，在对产品进行色彩设计时，我们应该如何通过产品色彩的选择与搭配来完成这一任务，如何体现一种产品自身魅力，如何提升产品的市场竞争力？这就要求我们在产品色彩设计时应该注意几个问题。

4.3.1 色彩的主调

色彩主调是指色彩配置的总倾向和总效果。任何产品的配色均应有主色调和辅助色，只有这样，才能使产品的色彩既统一又有变化，色彩愈少要求装饰性愈强，色调愈统一，反之则杂乱难于统一。工业产品的主色调以 1~2 色为佳，当主色调确定后，其他的辅助色应与主色调协调，使形成一个统一的整体色调。同时，对于不同类别的产品应该形成一套完整的行业色彩，起到规范色彩的视觉符号作用，体现产品之间的功能区别，这也是对色彩主调进行选择。另外，一个产品色彩主调的选择还要根据不同的使用环境、不同的地域、不同民族、不同国家对色彩的要求或喜好来确定。切忌等同对待，没有区别。主色调的选择还应与时代的信息、文化特征联系在一起，与时代的流行色相配合。对于一般的工业产品，尤其是电子产品，主色调的选择不是一成不变的，随着科技的进步，工艺的提高，人们认识的变化，都在变相地"要求"此类产品主色调相应地改变，只有这样，才能适应这个时代的发展，满足人们的需要。

4.3.2 色彩的和谐

色彩很少是以静态的或孤立的面貌存在，即使在白纸上画了一块平涂的颜色，它也要与白色的纸形成一种比较关系。也就是说，任何一个色彩的选择与应用，都应该与它搭配在一起的其他色彩进行对比，找到一种和谐的关系，做相应的调整，以求达到完美。除此之外，视觉对于色彩的识别也有一个增长和衰减的变化比率。根据色彩的属性和人的生理特征，人们对色彩的视觉感应与识别不是始终如一的，它是变化着的。人们总是在找一种适合于自己心理、生理感觉的影像，这必然会对色彩设计提出一个更高的要求，那就是要分析、了解消费者——作为产品的使用者、欣赏者的心理、生理感觉。所谓的和谐，就是综合了色彩的各种可变因素后，着眼于组合上的自然而又融洽的关系。这种色彩关系，一是指不同色彩配置时的面积和比例，二是色彩在明度或纯度上的接近程度，三是某一色彩的过渡方式，四是由色彩自身的增长与衰减，减弱了对视觉的刺激程度。这种和谐实际上是产品自身色彩的和谐，是一个个体的和谐。那么，色彩的和谐还应该包括一个产品色彩与使用环境的和谐。任何一个产品都有它固有的使用环境，如果不考虑使用环境而进行产品色彩设计，那么这个产品的色彩设计是失败的。它被完全的孤立出来了，失去了它特有的功能与使用赖以生存的大环境。所以，产品色彩着眼于和谐，要求达到与自身的和谐，与人的和谐，与环境的和谐。

4.3.3 色彩的视觉节奏

在多数情况下，颜色的出现并不会以体现形态、空间、色调为其结果。它还应含有一种组合关系上的节奏。当然，这种节奏是视觉联想意义上的。色彩中的节奏没有统一的标准，也没有固定的规律，它是以超越人们的意识，无须结实的吸引力状态存在的。如果我们同时能够看到两个产品，其中一个是简单的色彩搭配，没有材质、色彩上的变化，而另一个产品在色彩设计上刻意安排了有序的组织，那么，视线必然会本能地被第二个产品体现出来的节奏所吸引。此时，色彩的节奏转化成为解决视觉中心的方法。有了这种方法，可以主动地在色彩配置中有目的的确定重点。那么，对于一个企业来说，为了使自己的产品更好地在琳琅满目的产品陈设中吸引更多消费者的目光，就应该懂得如何通过视觉中心转移的方法来设计自己的产品。

从本质上说，色彩的视觉节奏有赖于眼睛的错觉认识和经验的提示。视觉的疲劳状态、观察角度、欣赏目的、色彩出现的位置等，都可以形成节奏，将其加以归纳，基本上可以有由许多参照物形成的节奏、色彩的近似组合形成的节奏、持续的节奏变化形成的节奏、由色彩的等级重复形成的节奏。

4.3.4 光、影、色的关系

我们能够看到产品的形状、色彩，先决物理条件是得有光的存在。光在一个产品的制造环境、使用环境中的作用是不可估量的。微弱的光线下，我们看到的产品外形和色彩是模糊的，无法确定它的具体功能与形象；强烈的光线下，我们看到的是失真的产品外形和色彩，改变了原来的功能体现和外观形象；正常的光线下，产品才能真正体现自身固有的各种特征。那么，不是简单地说任何产品置于任何光线下都可以的。光源不同，光所呈现的颜色也是不同的。比如，太阳光呈白色光，白炽灯呈黄色光，荧光灯呈蓝色光等。一个特定的环境，使用特定的光源来照明，这就决定了在这样的光源下所使用的产品、设施的颜色需要进行周密的设计考虑，否则就有可能违背了事物原有的规律与特征。有了光，照射到物体上，就有相应的投影与其相呼应，光与影的存在是体现体量感，形成空间感、层次感、色彩感的重要手段。这一点无论是在家电产品、3C产品、机电产品还是家具的形态体现上，都是如此。光与影除了能够形成空间和体积外，当我们把其本身看作是突出事物的特征，增添一种戏剧性的氛围时，就不能简单地视为单纯的造型手段了。光与影的表现有无限的范围，而表现目的是预先判断的一些问题和主观确定的侧重点。光与影的存在对产品颜色的影响是无可非议的，它们之间呈现一种递进的、逐级影响的关系。光照射在产品上，产品自身的形态必然会产生一些有秩序的投影，这些投影又将会影响到产品色彩。所以，我们在对产品进行色彩设计时，一定要考虑到光源、产品形态对产品色彩所产生的影响。

4.3.5 色彩与肌理的关系

很多时候，人的不同感官常有一种自发的相互协作的补充关系。对于色彩的识别除了眼睛的判断外，它还能引发奇妙的触摸感。成功的壁毯设计师不仅要使他们设计的作品具有良好的色彩效果，还应想方设法制作出一些肌理来吸引人们的视线并产生动手摸一摸的愿望。当然，并不是说任何能够让人产生触觉感的色彩肌理都是恰当的。一位汽车制造商别出心裁地用粗糙的软皮革制作了汽车外壳，独特的肌理在惹人注目的同时，却没能形成视觉美感，令观者在心理上十分的不舒服。每一种感觉方式都有它自身特殊的性质，视觉经验不能替代触觉经验，与听觉也不会混淆，然而，能够引起感觉联系的刺激模式又通常是复杂的，它有赖于其他感觉经验的参与。视觉肌理发生于不同感官的联觉作用，这一点丰富了色彩表现形式，使同一色彩由于肌理的不同而产生多种的视觉感受。

一般来说，肌理主要是指物体表面显露出来的能被人直观感知到的组织结构。颜色肌理就是指色彩在物体表面的变化方式或由物体表面的凹凸和纹理组织形成的色彩质感面貌。颜色肌理是色彩形式语言中的一个重要因素，通过不同的制作工艺，可以使同一个颜色出现相异的表面特征，当我们将几个不同颜色肌理的产品外壳体组织在一起时，又可以借助相似的颜色肌理使它们之间的冲突得到调解，缓和对视觉的刺激。分析颜色肌理和运用颜色肌理的方法有许多，大自然千百万年的作用力展示了无穷无尽的颜色肌理效果；工业设计师利用颜色肌理使冰冷的机器转化为似有生命的存在物，不再与使用者产生距离感。一般来说，颜色肌理的形成方式主要与视觉、触觉、制作工艺有关，因此也就有了触觉质感的转化、视觉对肌理的选择和由加工制作工艺形成的色彩纹理等几种形式。

4.3.6　色彩在产品中的应用

色彩在产品设计中的关键是配色。成功的色彩设计应把人们对色彩的审美性和对色彩的视觉心理紧密结合起来，以取得高度统一的效果。因此，色彩在产品设计中如何适应消费者的需要，就成了至关重要的问题。

（1）在机械设备的色彩设计中，不仅要考虑设备本身的色彩，还应考虑放置环境的色彩。在通常情况下，机械设备一般都比较笨重，设计时，一般多采用刺激性小的中性含灰色系，或采用较为明亮的浅灰色系，以减轻操作者心理上的沉重感及压抑感。在设计设备的主要控制开关、制动、消防、配电、急救、启动、关闭、易燃、易爆等标志时，色彩应醒目突出，并符合国家通用的标准。一方面便于人们的正确操作；另一方面利于在紧急情况下，能及时、准确地排除故障，确保安全生产。在机械设备设计中，还应考虑操作台面、加工物以及室内环境之间的色彩调和与对比，还要考虑操作台面与加工物两者的色彩关系，保持一定的色彩对比度，以保证操作人员对加工物的视觉敏锐度和分辨力。例如，选用低纯度色相的对比，这是色相对比中最易达到调和的对比关系，如灰绿和灰橙、灰绿和灰紫对比等。明度对比中可选用高明度对比，给人以轻快、鲜明之意；也可采用冷暖对比和高纯度对比等。只有通过对比，才能加强视觉上的识别性。

（3）在操作台面和室内环境的色彩设计中，两者应保持色彩的协调。如果操作台面色调较暗，则室内环境的色彩应接近操作台面色彩的明度，也应该较暗；若操作台面采用的是中级明度，则室内环境的色彩明度应高于操作台面色彩的明度；若操作台面为浅色调时，那么室内环境色彩最理想的应选用白色。在放置机械设备的室内空间中，因产品加工方式的不同，在色彩设计时，要根据其加工方式而调整色调。如在冷加工的车间里，室内环境的色彩可采用暖色调；在热加工车间，就可采用冷色调，通过色彩的冷暖感来调节工作人员的心理温度。

（3）对于家具的色彩设计，如果是单一办公用家具，大多在独立、封闭的空间使用，因此，色彩要求典雅、大方，应避免大面积使用具有强烈对比的色调。若是组合办公用家具，色彩要求单纯、简洁、明快、协调。因为色彩纯度较高或配色对比强烈都会吸引人的注意力，干扰视线，影响工作效率，故而色性多采用冷色调。对会议室家具的色彩设计，应本着简洁、明快、庄重的原则，应选择具有一定凝聚力及深沉的色彩。在对公用休闲家具的色彩设计时，可以选用较为华丽、明快的色彩，因为适度的色彩可以消除人们的疲劳和紧张。现代家居的家具色彩设计，要根据放置空间的大小而有所不同。如放置在狭小空间的家具，色彩多采用明度较高的米黄色、紫灰色、粉红、浅棕、木料原色等，或清漆蜡面、亚光处理，显得高雅、舒适、轻便、明快，起到扩大空间的感觉（图 4-12）。放置于较大空间的家具，可选用中明度高彩度的色彩设计，如橙红、中黄、翠绿、蓝色等。中国传统的红木家具，色彩大多以深色调为主，给人以古色古香、稳重大方的感觉。

图 4-12　2006 年家具设计大赛参赛作品

（4）城市交通工具的色彩设计。交通工具作为城市环境色彩的一部分，不但具有本身独特的个性，还应根据每个城市的气候、环境、文化、风土、民族等不同的因素而形成独特的色彩风格。比如，我国南方城市的交通工具多使用冷色基调，北方多运用暖色基调，这主要同气候有关。但每个城市特有的环境色彩也是色彩设计中应考虑的因素。

当然，色彩在产品设计过程中还受许多其他因素的影响，包括目前消费市场、社会自然环境、文化、时尚等因素的影响，这些都将影响设计师对色彩的运用。无论在色彩设计上怎样大胆创新和标新立异，都要遵循安全性、可见性、易识性这三个方面的原则。

工业产品色彩设计的目的是使产品具备完美的造型效果，更好地体现产品自身功能特点，符合消费者的心理和生理需求，为企业提高产品市场竞争力。想要达到这一目的，途径和方法可以说有很多种，关键是要综合地分析企业、产品、市场、环境和消费者之间的关系，突出重点，发挥优势，才能创造出更有价值，更能促进社会发展，改善人们生活方式的好产品来。处理问题时需要考虑的问题有许多，解决问题的方法和途径也有许多种，但能够有针对性地、灵活地处理这些问题才是最可取的。任何设计都不能完全地求多、求全、求完美，这需要看我们为人类设计什么样的产品，设计什么样的产品色彩。

5 工业产品模型制作

工业产品造型设计与模型制作有着密不可分的关系，是设计师在承担设计的过程中，运用各种模型成形方法，增强设计视觉的感染力或完善设计方案的可靠性，将一项设计构思塑造成直观形象的重要手段。用制作模型的方法来表达设计理念，成为设计师与开发商和使用者之间的交流"语言"，而这种"语言"——即设计"物"的形态，是在三维空间中所构成的造型实体。

模型，在中国古代称之为"法也"，有着"制而效之"的意思。模型最早的含义是指浇铸的型样（铸型）。在我国，模型的历史可以追溯到很久远的年代，在不少地方都有出土的陶制的模型，如南京出土的孙将军宅屋，其外观与木构楼阁的造型十分相似，雕梁画栋，十分精美。

这里讲述的模型是一种全新的现代模型概念，起源于西方近代对工业化产品的模拟展示。一些进行批量生产的工业产品设计，在研发过程中制成仿真模型，供展示、研究、分析、测量之用。随着工业化产品的日益增多，各种模型种类也越来越名目繁多，其范围极广，并已推及到其他领域，从航天科技到军用装备、从建筑设计到城市规划、从影视特技到舞台场景、从生物研究到智能机器人等。人们重视模型真实而直观的效果，使设计突破了传统二维平面表现手段的局限性，将设计的平面图、立体图垂直发展成为三度空间形体，形象地表达了创造物。模型的功能体现在图纸与实际立体形态之间，把两者有机地联系起来，让设计师能在真实空间的条件下观测、分析、研究、处理"物"的形态的变化，表达它所包含的创造意图。从这个意义上讲，模型使得"造型"设计从方法论的意义上有了根本性的进步。模型的概念可简单定义为：依据某一种形式中内在的比较联系，进行模仿性的有形制作。模型是设计的一种重要表达方式，它是按照一定比例缩微的形体，是以立体的形态表达特定的创意，以其真实性和整体性向人们展示一个多维空间的视觉形象，并且以色彩、质感、空间、体量、肌理等功能元素表达出设计师的思想，使设计思想转化为可视的、可触的、有真实感的设计效果，以便在工业产品尚未面市之前，给人们提供一个比较准确、直观的评赏机会。模型是一种介于设计图纸和实际之间的立体空间表达，它能有机地把两者联系起来，让设计师、业主和评审者从立体条件下去分析和处理空间及形态的变化，表达它所包含的设计意图。模型是评价审核设计方案的十分重要的形象载体。它为现代设计模式——设计、验证、再设计、再验证直观的提供了产品研发最需要的形态、尺度、肌理、色彩的测量数据。

5.1 工业产品模型的作用与类型

5.1.1 工业产品模型的作用

工业产品模型在工业设计中有着重要的实用价值，是设计领域中不可缺少的一部分。模型表现手法超越了平面、立面、剖面、透视图、效果图以及电脑动画等所能表达的效果，是占据空间的立体作品。目前由于电脑三维技术的快速发展，有一些设计人员认为可以省去制作模型的环节，但他们忽视了设计赋予模型的使命及其在模拟真实、论证完善设计方案上的作用。

制作工业产品模型的作用主要有以下几点。

5.1.1.1 检验外观设计，完善设计构思

由于具有视觉实体的可视化特征，模型制作的程序、方法与过程可以对设计效果与可行性进行评估与反复推敲，因此，模型制作是进一步完善和优化设计的过程。

优秀的设计师不会只停留在绘制设计图纸上，因为影响设计的因素有很多。在设计过程中，当各种平面设计构思初步完成之后，由于二维空间的局限性，图纸并不能全面反映设计整体的真实效果，为了使构思更加完善，往往需要制作一些三维模型来帮助推敲、修改，完善原来的设计构思，进一步检验设计的思路与方案的可行性，避免在平面设计图纸上可能遗留的"画出来好看而做出来不好看"弊端。这种模型的表现形式比较粗略，对制作材料、工艺等方面的要求也不高，其目的是对设计构思方案进行深入研究和探索，在设计中起到一个立体草图的作用。

同时，模型不仅是可视的，还能充分体现三维的视觉感和触觉感。可以很直观地以实物的形式把设计师的创意反映出来。在制作模型的过程中，特别是设计人员亲自动手来制作模型时，是从二维到三维的浪漫与严谨的体验。在模型制作过程中，由于形态实体与材料制作是可触摸的，设计人员可以从多种角度进行观察，关注对形态的处理，检查体积、空间、线条、色彩等搭配的不足，同时对设计中不够合理的部分及时修正或者重新设计。在必要时，还需做单体模型或者局部模型。

总之，在设计的过程中，通过对模型制作的反复推敲，通过亲身感受与参与制作，可以进一步激发设计师的灵感，发现设计思路上存在的盲点，并进行改进优化，帮助设计师更快地使设计方案达到理想的状态。

5.1.1.2 检验结构设计

因为模型是可装配的，所以它可直观地反映出结构的合理与否，安装的难易程度。便于工程师们在检验过程中发现产品结构中存在的工程、工艺问题，提出解决方案，优化产品结构及功能。同时可作为产品模具生产的参照，使模具的制作更准确、更快捷，缩短开发周期。

5.1.1.3 避免产品研发的风险性

模型制作是设计过程中的重要环节之一，可以把设计风险降到最低，对于把握设计定位、生产具有实际意义。

模型制作可以有效地缓解设计与使用之间的矛盾。新设计定位的方案可以通过三维模型效果来检测其中可能出现的问题，可以最大限度地避免损失，减少风险。同时为进一步降低风险与提高竞争力，对于精品项目进行模型制作，可为企业的宣传发挥积极作用，有助于客户了解企业的工作业绩和设计实力，通过模型表现使企业以最小的风险来获取最大的市场效益。

5.1.1.4 表现设计效果

近年来，由于市场经济的快速发展，人们的收入水平与消费观念也有了前所未有的提高，对生活环境的要求也随之提高。设计是为人服务的，人们的接受与否是设计成功的最终检验标准。一般来讲，一个项目的设计与施工都要经过现场调研、初步设计、项目方案评审、修改、详细设计、施工这几个环节。在项目设计的过程中，很多时候都要进行方案公示，由于模型制作的超前性，实体模型是在产品开发出来之前向观者展示其设计特色的一种很好的方式，可以让使用者超前预想实施后的效果，同时可以以缩微的方式展现景物与环境的关系，吸引人们的参与和使用，以获取市场反应，寻求合作或投资，从而直接影响后期的使用与销售。随着设计行业的竞争日趋激烈，模型对于建成后效果的把握成为设计师与业主之间进行交流的重要手

段。将模型赋予逼真的色彩和材料，模拟真实的环境氛围，为设计提供了最有利的表现方式。模型不但能把设计师的设计意图准确、完美地表达出来，还能通过展示来传递、解释项目的设计思路及设计师之间的品评、审度、联系与交流，使有关方面对设计的综合效果有一个比较真实的感受和体验。

综上所述，模型制作是产品设计过程中的一个重要环节，是推敲、改进设计的一种有效方法。通过产品模型的制作，对设计图纸是一个很好的检验。当样机模型制作完成后，产品的设计图纸一般来讲是要进行调整的，模型为最后的设计定型图纸提供了重要的依据。模型既可为以后的模具设计提供参考，又可以为市场提供一个展示产品的良好机会，为企业探求市场需求与消费者的反映提供了一个真实的检验体。

5.1.2 工业产品模型的类型

从产品构思到产品完成的各个设计阶段中，设计者采用各种不同的模型来表达设计意图，强化设计效果。产品模型种类多，可按模型的用途或按模型的比例大小分类，还可按制作模型的材料进行分类。

5.1.2.1 按模型的用途分类

模型按用途分可为研究模型、展示模型、功能模型和样机模型。

A 研究模型

研究模型又称草案模型、粗制模型、构思模型或速写模型。研究模型设计者是在设计初期根据设计创意，在构思草图基础上，自己制作能表达设计产品形态基本体面关系的模型，作为设计初期设计者自我研究、推敲和发展构思的手段，多用来探讨产品的基本形态、尺度、比例和体面关系。研究模型注重于产品整体的造型，主要考虑造型的基本形态，通常只有立体的基本形状，具有大概的长宽高和粗略的凹凸面关系，而不过多追求细部的刻画。研究模型是针对某一设计构思而展开的，可制作多种不同形态的模型，供分析、比较、选择和综合。研究模型多采用易加工成形、易反复修改的材料制作，如黏土、油泥、纸板、泡沫塑料等，也可用尺寸形状类似的现成产品拆改、组合加工而成。对于小型产品，可制成1:1的原尺模型，对于大型产品，则按适当比例缩小制成缩尺模型。

B 展示模型

展示模型又称外观模型、仿真模型或方案模型，是设计方案确定过程中采用较多的立体表现形式。通常是在设计方案基本确定后，按所确定的形态、尺寸、色彩、质感及表面处理等要求精细制作而成，其外观与产品有相似的视觉效果，充分表现了产品各元件的大小、尺寸和色彩，真实地表现产品的形态和外观，但通常不反映产品的内部结构。展示模型也可根据要求制成原尺模型或比例模型，供设计委托方、生产厂家及有关设计人员审定、抉择。展示模型外观应逼真，要有良好的可触性，为研究人机关系、造型结构、制造工艺、装饰效果、展示宣传及市场调研等提供较完美的立体形象，为产品设计的最终裁决和审批提供实物依据。制作展示模型的材料，通常应选择加工性好的油泥、石膏、木材、塑料及金属等。

C 功能模型

功能模型主要用来表达、研究产品的各种构造性能、机械性能以及人和产品之间的关系。此类模型强调产品技能构造的效用性和合理性，各组件的相互配合关系严格按设计要求进行制作，并在一定条件下进行各种实验，技术要求严格。通过功能模型可进行整体和局部的功能实验，测量必要的技术数据，记录动态和位移变化关系，模拟人机关系实验或演示功能操作，从而使产品具有良好的使用功能，提高产品的设计质量。

D　样机模型

样机模型须严格按设计要求制作，以充分体现产品外观特征和内部结构的模型，具有实际操作使用的功能。其外观处理效果、内部结构和机电操作性能都力求与成品一致，因而在选用材料、结构方式、工艺方法、表面装饰等方面都应以批量生产要求为依据。借助样机模型，设计者可进一步校核、验证设计的合理性，审核产品尺寸的正确性，大大提高工程图纸的准确度，并为模具设计者提供直观的设计信息，以加快模具设计速度和提高设计质量。样机模型常用于试制样品阶段，以研究和测试产品结构、技术性能、工艺条件及人机关系。借助样机模型，设计者可进一步校核、验证设计的合理性，审核产品尺寸的正确性，大大提高工程图纸的准确度，并为设计者提供直观的设计信息，以加快设计速度和提高设计质量。

5.1.2.2　按模型的比例分类

根据需要，将真实产品的尺寸按比例放大或缩小而制作的模型称为比例模型，按比例大小可分为原尺模型、放大比例模型和缩小比例模型。

比例模型采用的比例，通常根据设计方案对细部的要求、展览场地及搬运方便程度而定。按放大或缩小比例制作的模型，往往因视觉上的聚与散，产生不同的效果。通常采用的比例越大，反映出与真实产品的差距越大。选择适合的比例是制作比例模型的重要环节。根据设计要求、制作方法和所用材料，比例模型有简单型和精细型，多用于研究模型和展示模型。

A　原尺模型

原尺模型又称全比例模型，与真实产品尺寸相同的模型。产品造型设计用的模型大部分用原尺寸制作。根据设计要求、制作方法和所用材料，原尺模型有简单型和精细型，主要用作展示模型和工作模型。

B　放尺模型

放尺模型即放大比例模型。小型的产品由于尺寸较小，不易充分表现设计的细部结构，多制成放大比例模型。放尺模型通常采用2：1、4：1、5：1等比例制作。

C　缩尺模型

缩尺模型即缩小比例模型。大型的产品，由于受某些特定条件的限制，按原尺寸制作有困难，多制作成缩小比例模型。缩尺模型通常采用1：2、1：5、1：10、1：15、1：20等比例制作，其中按照1：5的缩小比例制作的产品模型效果最好。

5.1.2.3　按模型的材料分类

产品模型常用的制作材料有黏土、油泥、石膏、纸板、木材、塑料（ABS、有机玻璃、聚氯乙烯等）、发泡塑料、玻璃钢、金属等，可单独使用，也可组合使用。按模型制作的材料可分为黏土模型、油泥模型、石膏模型、木模型、金属模型、纸模型、塑料模型、玻璃钢模型。

A　黏土模型

黏土模型即用黏土制作的模型。黏土具有良好的黏结性、可塑性、吸附性、脱水收缩性、耐火性和烧结性。所用黏土应质地细腻，含沙量少，有良好的可塑性，能满足设计构想要求自由塑造，同时修刮、填充方便，可反复使用。但尺寸要求严格的部位难以刻画加工。由于黏土易于干裂变形，可加入某些纤维（如棉纤维、纸纤维等）以改善和增强黏土性能。黏土模型一般用于制作小型的产品模型，主要用于制作构思阶段的研究模型。黏土模型不易保存，通常翻制成石膏模型进行长期保存。

B　油泥模型

油泥模型是采用油泥材料制作的模型。油泥可塑性好，加热软化后可自由塑造，易刮削和雕制，修改填补方便，易黏结，可反复使用，且不易干裂变形；但怕碰撞，受压后易变形，不易涂饰着色。油泥的可塑性优于黏土，可进行较深入的细节表现。油泥模型多用作研究模型和展示模型。小型油泥模型可实体塑制，中、大型油泥模型则须先制作骨架，在骨架上铺挂油泥后再进行雕刻和塑造。

C 石膏模型

石膏模型是用熟石膏制作的模型。熟石膏遇水而具有胶凝性，并可在一定时间内硬化。通常采用浇铸法、模板旋转法、翻制法或雕刻法等使石膏成形，通过刮、削、刻、粘等方法，可以很方便地对模型进行加工制作。石膏模型质地洁白，具有一定强度、不易变形走样，打磨可获得光洁细致的表面，可涂饰着色，可较长时间保存。但模型较重，怕碰撞挤压，搬运不方便。石膏模型一般制作形态不太大、细部刻画不多，形状也不太复杂的产品模型，多用来制作产品的研究模型和展示模型。

D 木模型

木模型是用木材制作的模型。木材质轻、富韧性、强度好、材色悦目、纹理美观、易加工连接、表面易涂饰，适宜制作形体较大、外观精细的产品模型。通常选用硬度适中、材质均匀、无疤节、自然干燥的红松、椴木、杉木等制作模型。木模型制成后不易修改和填补，故多先绘制工程图或制作石膏模型，取得样板后再制作木模型。木模型制作费时，成本较高，但运输方便，可长期保存。多作为展示模型和工作模型。

E 金属模型

金属模型指以金属为主要材料制作的模型。金属材料具有较高的强度、延展性和可焊性，表面易于涂饰，耐久性好，可利用各种机械加工方法和金属成形方法制作模型。金属材料种类多，可根据设计要求选择使用。采用金属材料制作模型，加工成形难度大，不易修改，通常用于制作工作模型，用来分析研究产品的性能、操作功能、人机关系及工艺条件等。

F 纸模型

纸模型是用纸板制作的模型。通常选用不同厚度的白卡纸、铜版纸、硬纸板、苯乙烯纸板等作为模型的主要构成材料。纸模型制作简单，利用剪刀、美工刀、尺子、刻刀、订书钉、胶粘剂等工具和材料即可加工连接。由于纸板的强度不高，纸模型多制成缩尺模型。如要制作较大的纸模型，则先用木材、发泡塑料等作形体骨架，以增加强度。纸模型质轻，易于成形，表面可进行着色、涂色及印刷等装饰处理，但不能受压，怕潮湿，易产生弹性变形。适宜用来制作形状单纯，曲面变化不大的模型，多用于设计构思阶段的初步方案模型。

G 塑料型材模型

塑料型材模型是用塑料型材制作的模型。采用 ABS、有机玻璃、聚氯乙烯、聚苯乙烯等热塑性板材、棒材及管材制作而成。具有一定强度，可采用锯、锉、钻、磨等机械加工法和热成形法制作，可用溶剂粘接组合，并在表面进行涂饰印刷等处理。塑料型材模型精细逼真，能达仿真效果，易于制作小型精细的产品模型，多用作展示模型和工作模型。

H 泡沫塑料模型

泡沫塑料模型是用聚乙烯、聚苯乙烯、聚氨酯等泡沫塑料经裁切、电热切割和粘接结合等方式制作而成的模型。根据模型的使用要求，可选用不同发泡率的泡沫塑料。密度低的泡沫塑料不易进行精细的刻画加工，密度高的泡沫塑料可根据需要进行适当的细部加工。这类模型不易直接着色涂饰，须进行表面处理后才能涂饰，适宜制作形状不太复杂、形体较大的产品模型，多用作设计初期阶段的研究模型。

I 玻璃钢模型

　　玻璃钢模型是用环氧树脂或聚酯树脂与玻璃纤维制作的模型，多采用手糊成形法制作。玻璃钢模型强度高，耐冲击碰撞，表面易涂饰处理，可长期保存；但操作程序复杂，不能直接成形，常用作展示模型和工作模型。

5.2　工业产品模型的制作与材料

5.2.1　材料分类

　　材料的分类法有多种，有按材料产生的年代划分的，也有按材料的物理特性和化学特性划分的。这里所介绍的分类，主要是从模型制作角度上划分的。由于各种材料在模型制作过程中所充任的角色不同，因而把它们划分为主材、辅材两大类。

　　在现代模型制作中，材料概念的内涵与外延随着科学技术的进步与发展在不断改变，而且模型制作的主材与辅材的区分界限也越来越模糊，特别是用于模型制作的基本材料，呈现出多品种、多样化的趋势。随着材料科学的进步，模型制作的专业性材料与非专业性材料的区分界限也越来越模糊。另外，随着表现手段的日臻完善和对模型制作的认识与理解的深入，很多非专业性的材料和生活中的废弃物也被当作制作模型的辅助材料。

　　这一现象的出现无疑给模型的制作带来了更多的选择余地，同时也产生了一些负面效应。很多模型制作者认为，材料选用的档次越高，其最终效果也越好，其实不然。任何事物，优劣都是相对而言的，高档材料固然好，但模型制作所追求的是整体的最终效果，如果违背了这一原则去选用材料，那么档次再高的材料也会黯然失色。其实从原则上讲，应该是什么材料效果好就选什么材料。这是模型制作中最活跃、最不稳定的因素，也是最重要的因素。一个初学者应该尽可能丰富地收集材料（明确地称呼并在上面写上名称），并且需要持续不断地补充，不能是"READY-MADES"（半成品）。也就是说，所收集的材料应该是完全来自不同领域、不同样式的完成物，它们往往会适当地带给模型一种令人惊讶的效果。所有这些材料都必须能在工作的地方一目了然且唾手可得。它们刺激着制作者的想像力，也能带给我们惊奇，但与设计进行适当的材料结合则是主要起因。

　　基于相同的原因，设计者也应仔细探讨其他好的、吸引人的模型，以了解它们的设计者选择模型材料和应用技术的原因，并比较其造成的结果与原本设计者谋求的目标有何不同。一开始每个人都会模仿一种或是几种其他的技术，以充实自己的学识和能力，如此一来，到最后每个人都会拥有具有独特个人风格的"模型语言"。

　　对于模型制造而言，"熟能生巧"这句话和"天赋才能"是同样可行的。先试验一种新的材料，在你要将它使用在具体模型中之前，熟练处理一些有名的原料，能增加你对新材料的理解能力。这个道理也同样适用于设计新的工具和机器。

5.2.2　常用材料的优缺点

　　（1）纸质材料的优点是价廉物美、适用范围广；且品种、规格、色彩多样，易于折叠、切割、加工、变化和塑形；上手快，表现力强。其缺点是材料物理行性较差、强度低、吸湿性强、受潮易变形，在建筑模型制作过程中，粘接速度慢，成形后不易修整。

　　（2）石膏材料成形虽然方便，具有易于直接浇注、车削加工成形、模板刮削成形、翻制粗模成形后加工、骨架浇注成形等优点；但是，如果用石膏制作大模型则会出现体积过重的问题，不易搬动，容易损坏，而且与其他材料连接的效果也欠佳。

　　（3）木制材料的优点是质轻、密度小、具可塑性、易加工成形和易涂饰、材质与色纹美丽；其缺点是易燃、易受虫害影响，并会出现裂纹和弯曲变形等情况。

（4）塑料的优点是质轻、强度高、耐化学腐蚀性好，具有优异的绝缘性能而且耐磨损（发泡塑料除外）。热塑性塑料还可以受热成形（如聚氯乙烯、有机玻璃、ABS 塑料），成形效果好；其缺点是加工麻烦、费时、费事。

（5）油泥材料加工由于其材料的优良性能，不但加工方便、可塑性强，而且表面不易开裂并可以收光和刮腻后打磨涂饰，还可以反复修改与回收使用，所以比较适合制作一些形态复杂与体量较大的模型；其缺点是一方面模型尺寸的准确性难以把握，需要借助精确的放样或三坐标点测和对称定位加工，才能有效地保证形态的精确性。另一方面是在制作大模型时，必须与其他材料配合使用，才能降低材料成本和保证模型的强度。

（6）玻璃钢材料的优点是强度高，破损安全性好，成形工艺性优越，可制作批量产品。而且，在玻璃钢材料表面上漆等材质处理方面具有较好的应用性能，特别是在大型产品后期模型的制作中，有着不可代替的优势。它也可以在一些产品的试生产阶段做到与生产线上产品一样的效果；其缺点是耐磨性差，翻模制作麻烦。

5.2.3 主材类

制作产品模型时，要先确定所需要的材料种类和加工制作工艺。制作不同类型的模型，要选用适合的材料，降低成本，同时还要方便加工制作。所以，根据不同模型的特点以及要表现内容的不同，要达到一个什么样的目的，就要有一个全面的安排和设计。模型制作可根据形态的需要，选用一种材料为主体，其他材料为辅，相互结合的方法进行。主材是用于制作模型主体部分的材料。

在现今的模型制作过程中，不变形、不掉色、无毒害的材料都可考虑作为制模材料。只有对各种材料的基本特性及适用范围有了透彻的了解，才能做到物尽其用、得心应手，从而发挥出材料的最佳特征。下面介绍几种常用的模型制作材料。

5.2.3.1 纸质材料

纸板是建筑模型制作的最基本、最简便、广泛采用的一种材料。该材料可以通过剪裁、折叠改变原有的形态，也可通过折皱产生各种不同的肌理，或者通过渲染改变其固有色。纸板具有较强的可塑性，在所有设计工作的层级（概念模型、作品或是结构模型）中被很好地运用。

目前，市场上流行的纸板种类很多，有国产和进口两大类。其厚度一般为 0.5～3mm。就色彩而言品种达数十种，同时由于纸的加工工艺不同，生产出的纸板肌理和质感也各不相同。模型作者可以根据特定的条件要求来选择纸板。

制作卡纸模型的粘贴材料有乳胶、双面胶；工具有裁纸刀、手术刀、钢尺、铅笔、橡皮等。卡纸模型制作方便，无噪声，色彩丰富，重量轻。但受温度和湿度影响较大，保存时间短。

纸张在买卖时是以其每平方米的重量来区分的，像薄速写纸是 $25g/m^2$，而打印机用纸是 $80g/m^2$，书籍用纸则是 $130g/m^2$。超过 $180g/m^2$，则称之为卡纸。一张工业标准 A4 规格的纸，面积是 $1m^2$ 的 1/16，即把 16 张 A4 的纸张放在秤上，则可读出每平方米的纸的重量。含木（纸）浆的纸在阳光的照射下会变黄。

A 绘图（卡）纸

绘图纸（$150g/m^2$、$175g/m^2$）及绘图卡纸（$200g/m^2$、$250g/m^2$、$300g/m^2$），白色，表面光滑、不平坦或是特别光滑。主要的纸张尺寸大约是 70cm×100cm（一半规格是 50cm×70cm）或 61cm×86cm（一半的规格是 43cm×61cm）。更厚的绘图卡纸则是按照厚度来区分：普通厚度是 0.5mm，稍厚是从 0.5～1.5mm，特厚则是从 1.5～3.0mm。若在卡纸中添加最薄的铝或塑胶陪衬物，则能使卡纸有最高的尺寸精确性。较厚的绘图卡纸能被很精确地裁剪和粘贴，同样地也有利于不同颜色的着色和喷漆。

目前，国内市场上的卡纸种类很多，有国产卡纸和进口卡纸之分，可根据不同的使用目的选择不同种类的卡纸。相对于一般的纸而言，卡纸是一种厚而较硬的纸，在模型制作时多用来做骨架、地形、高架桥等自身稳固的物体，也可用来做产品的形态观测模型和形态组合模型。因其价格低廉、易加工、质感较好、易表面处理，故适宜制作构思模型及简易模型。

制作卡纸模型一般采用白色卡纸。如果需要其他颜色，可在白色卡纸上进行有色处理，处理的方法很多，例如可用水粉颜料进行涂刷或喷涂，以达到所需的肌理。此方法经济实惠，效果也不错。

另外，卡纸模型不可以采用不干胶色纸和各种装饰纸来装饰表面，应采用其他材料装饰屋顶和道路。

卡纸模型的加工和组合主要是依靠几件切割工具，如墙纸刀、手术刀、单双面刀片、雕刻刀和剪刀等。纸模型各板块或部件的组合方式很多，在制作上可采用折叠、切割、切折、切孔、附加等立体构成的方法进行制作，还可用泡沫塑料做成模型的体心。在模型制作中可根据形态的需要去选择处理方法。

B　厚纸板

厚纸板以其颜色与白色的卡纸相区分。灰色厚纸板其成分是曾被印刷过的旧纸，而棕色厚纸板则含有被煮过的木纤维。最常被用来做书籍装订的是灰色厚纸板，因为它很坚硬，而且有韧性，但只能用刀子沿着尺切割。更坚硬的是棕色的皮革厚纸板。软一些的硬纸板如马粪纸，易碎、不紧密，因此只用单面刀就能切割。所以对于制作地形模型而言，此种材料是令人喜爱的。

厚纸板的标准规格是 70cm×100cm，此外也有 75cm×100cm 较小的式样，购买厚纸板的依据是其厚度规格，它有许多的层级，从 0.5mm 到 4.0mm，而厚度为 1.0mm 或是 2.5mm 的机制板是较常被使用的规格。

C　制模用的厚纸板

制模用的厚纸板很轻，但却非常坚固，因为它有一个由泡沫塑料制成的坚固核心，而此核心的两边是用纸张覆盖（粘合）的。这种材料能轻易地用刀切割，但覆盖在上面的纸会变黄，所以必须用不含木纤维的纸贴在上面，上色或是用其他任何方式掩盖。若此类厚纸皮没有接合好（在处理前试验时，粘合剂不能接触到泡沫塑料），由此种泡沫塑料做成的核心在边缘会被看见，进而常对模型造成干扰（这些情形在上色时也会发生）。斜面的接合是可能的，较适当的是用表面的覆盖纸放置在闲置的模型正面。规格为 70cm×100cm 和 40cm×100cm，厚度为 3.5mm 和 10mm。

D　瓦楞纸

瓦楞纸有不同的品质和规格，其波浪纹是用平滑的纸张粘合在一面或是两面上的，因为具备可卷曲的或硬挺的特性，它也有多层的较厚的平板。对制作地形模型而言，瓦楞纸是一种很好的材料，它非常轻，但是若负荷过量也会被压扁。瓦楞纸的波浪度越小、越细，就越坚固。

E　各种装饰纸

（1）各色不干胶。用于建筑模型的窗、道路、房屋的立面和台面等处的贴饰。

（2）吹塑纸。适宜制作构思模型和规划模型等。它具有价格低廉、易加工、色彩柔和等特点，可用来制作屋顶、路面、山地、海拔的等高线和墙壁贴饰等。在制作时，要根据塑纸的颜色和表面肌理要求，选择不同的工具。例如，制作有肌理的屋面、屋顶和路面时，可用美工刀的刀背来做划刻加工处理。

（3）仿真材料纸。市场上还有一种进口的仿石材、木纹和各种墙面、屋顶的半成品纸张。这类纸张使用方便，在制作模型时只需剪裁、粘贴后便可呈现其效果。但在选用这类纸张时，应特别注意图案比例，否则将弄巧成拙。

（4）各色涤纶纸。用于建筑模型的窗、环境中的水池、河流等仿真装饰。

（5）锡箔纸。用于建筑模型中的仿金属构件等的装饰。

（6）砂纸。砂纸本来是用来打磨其他材料的，但是用砂纸做室内的地毯和球场、路面、绿地，甚至刻成字贴到模型底台上，效果极佳。

在使用装饰纸时，应该先按照装饰面的大小裁切。在裁好的装饰纸的背面贴双面胶条或涂乳胶，先将对准被贴面的角轻轻固定，然后用手或其他工具从被贴面的内侧向外铺平。铺平后，如面上有气泡可用大头针刺透放气，再用手指尖压平。如果装饰面上有门窗，可在贴好装饰纸后用铅笔轻画出门窗洞的尺寸，再用钢板尺和单面刀片或手术刀刮去装饰纸，这样就会露出一扇扇的窗户。

5.2.3.2 木质材料

A 原木

木质材料是模型制作的基本材料之一。为达到模型设计与制作的要求，保证模型的质量，科学合理地选用木材是至关重要的。不同的造型设计和同一物体的不同部件对木材的天然特性和物理力学性能的要求是不同的。一般来说，所选用的木材都应具有美丽悦目的自然纹理，且材质结构细致、易切削加工、易胶合、易着色及涂饰，以及受气候影响变化小、抗腐性能好等要求，如泡桐木、椴木、云杉、杨木等。对于加工而言，硬度和纤维的方向扮演着最重要的角色。所有木材在太阳的照射下都会变黄，只是这种情形在浅色木材中比在深色木材中更应引起注意。

a 木材的性能

（1）木材的物理性能

1）含水率。木材中水分的重量占木材的全干材（指实验烘箱中作试样的木材）重量的百分比，称为木材的含水率。选择干燥的木材进行加工，方便且不易变形。

2）密度。密度是指木材的单位体积重量。密度大的木材一般强度比较高，硬度比较大，抗腐蚀性能好，刨面有光泽，但不易加工，干燥收缩率大，易变形和开裂。所以一般来说，制作模型选用的木材的密度要适中。

3）干缩与湿胀。木材的干缩与湿胀是其固有的特性。当木材的含水率下降到纤维饱和点（23%～30%）以下时，如水分继续养活细胞壁会收缩，使木材体积减小，重量减轻，强度增大；反之，如水分增加，细胞壁吸水膨胀，木材随之膨胀增重，强度则降低。由于木材属于各向异性材料，各向的收缩率不一致（实验证明，木材的径向收缩率约为3%～6%，弦向收缩率约为6%～8%），往往导致木材的变形、翘曲及开裂。因此，木材的干缩与湿胀对制成的模型有一定影响，除加工前须经过必要的干燥处理之外，制作时也应选用干缩湿胀性和翘曲变形性小的木材。

（2）木材的力学性能。木材的力学性能就是木材抵抗外力作用的性能。木材的各向异性在力学性能方面表现得特别显著，如顺纹强度最高，横纹强度最低。当外力与木纹纹理成一定角度时，强度介于两者之间，而且不同树种或同一树种不同部位的木材，其力学性能差异也很大。因此，正确掌握木材的受力性能，对于合理使用木材加工模型有一定的意义。

b　木材的构造

作为工业造型材料，树干是木材的主要部分。树干是由树皮、木质部和髓心三部分组成。木质部是树干最主要部分，也是最有利用价值的部分。木质部分为边材和心材两部分。树木因生长规律的影响，心材部分强度较高，边材部分强度较低。髓心是树木初生时储存养分用的，其质松软，强度低，易腐朽。从髓心向外的辐射线称为髓线，它与周围联结差，干燥时易沿此部位裂开。

从不同方向锯切木材，所得切面的表面构造和物理性能也不同。以横切面、弦切面和径切面三个典型的切面为例，可以清楚地看出它们的不同构造。根据产品造型的需要，可选择不同的切面加以合理利用。

（1）横切面。横切自垂直于树木生长方向锯开的切面称横切面（或称横断面）。木材在横切面上硬度大，耐磨损，但易折断，难刨削，加工后不易获得光洁的表面。

（2）径切面。沿树木生长方向，通过髓心并与年轮垂直锯开的切面称径切面。在径切面上，木材纹理呈条状且相互平行。径切面板材收缩小，不易翘曲，木材挺直，牢度较好。

（3）弦切面。沿树木生长方向，但不通过髓心锯开的切面称弦切面。在弦切面上形成山峰状或 V 字形木材纹理，花纹美观但容易翘曲变形。

c　木材的特点

从底板到精致装饰用的棍棒等工件，木材都因其质轻坚韧、尺寸稳定、色泽悦目、纹理美观、易于加工成形等特性，被很好地加工处理。

（1）质轻。木材由疏松多孔的纤维素和木质素构成，质轻坚韧并富有弹性。在纵向（生长方向）的强度大，是有效的结构材料，但其横向的抗压、抗弯曲强度差。

（2）具有天然的色泽和美丽的花纹。不同树种具有不同的天然悦目的色泽。例如，红松的心材呈淡玫瑰色，边材呈黄白色；杉木的心材呈深红褐色，边材呈淡黄色等。又因年轮和木纹方向的不同而形成各种粗、细、直、曲开头的纹理，通过刨切等多种方法还能截取或胶拼成种类繁多的花纹。像是年轮、木纹和断面擦痕纹等，会干扰和损害模型的比例，对于模型制作而言，看起来比较"安静"的木材比起"富有生气活力"的木材好得多。通常木制的建筑主体会被涂刷涂料或漆，就这点而言，颜色较明亮的木头种类会比深色的好。白色底的模型躯干能够使轮廓和雕塑的细节（例如凸出和阴影部分）清晰可见；若是用深色木材，微小的阴影部分则容易被覆盖。

（3）相对稳定。在一定温度和相对湿度下，受温度变化的影响不明显，热膨胀系数极低，不会出现受热软化、强度降低等现象。

（4）具有可塑性。木材蒸煮后可以进行切片，在热压作用下可以弯曲成形，木材可以用胶、钉、榫眼等方法进行接合，既简易又牢固。

（5）易加工和涂饰。木材易锯、易刨、易切、易打孔、易组合加工成形，且加工比金属方便，在使用前不需提炼（各种金属则需提炼）。由于木材的管状细胞易吸湿受潮，故对涂料的附着力强，易于着色和涂饰。

（6）具有良好的绝缘性能。木材的热导率、电导率小，可做绝缘材料，但随着含水率的增大，其绝缘性能会降低。

（7）易变形、易燃。木材由于干缩湿胀，容易引起构件尺寸、形状和强度的变化，发生开裂、扭曲、翘曲等。木材的着火点低，容易燃烧。

（8）各向异性。木材是具有各向异性的材料，即使是同一树种的木材，因产地、生长条件和部位不同，其物理、力学性能的差异很大，使之在使用和加工上受到一定的限制。

d 木材的缺陷

木材由于本身构造上自然形成，或由于保管不善受到损伤以及发生病虫害而存在着一些缺陷，致使材质受到影响，降低了木材的使用价值，甚至完全不能使用。常见的木材缺陷有节子、变色、腐朽、虫害、裂缝、夹皮、弯曲、斜纹等。认识木材的缺陷及其对材质的影响，是合理加工使用木材、保证产品模型质量的重要前提条件。

（1）节子。节子是树木的枝条在生长过程中，由于树干上的活枝条或枯死枝条被逐渐加粗的树干包围起来而形成的，这是树木的一种正常的生理现象。节子按其断面开头可分为圆形节、条状节、掌状节三种。按节子材质和周围木材的连生程度又可分为活节、死节和漏节三种。节子的存在不仅破坏了木材的完整性和均匀性，损害了木材变成斜纹，加工后表面不易光洁，强度也有所降低。

（2）变色。变色可分为两种，一种是木材在空气中受阳光和氧的化学作用所出现的变色现象，称化学变色。这种变色仅发生在木材表面，经刨切或削加工后又能恢复其原有的材色。另一种是木材受真菌（霉菌、变色菌和腐朽菌）的侵蚀，使正常的材色发生变化，但尚未破坏木材的细胞壁，称为变色，如青变、红斑和杂斑。它是木材腐朽的初期阶段，虽然对木材的力学性能影响不大，但对木材加工成形后的外观和耐久性却有影响。

（3）腐朽。木材受真菌侵蚀并破坏了细胞壁，不仅材色改变，而且导致木材结构松软、易碎，最后变成筛孔状或粉末状的软块，使其强度和硬度显著降低，以致失去使用价值。因此，腐朽是评定木材等级的重要依据之一。

（4）虫害。蛀虫对木材的侵害称为虫害。侵害所形成的孔道称"虫眼"，根据蛀蚀程度，虫眼可分为表皮虫沟、小虫眼和大虫眼三类。表皮虫沟（指蛀蚀浓度不超过1mm）和小虫眼（虫眼直径不超过3mm）对木材加工影响较小，大虫眼（虫眼直径超过3mm）因孔洞大、蛀蚀深，对木材加工影响较大。

（5）裂纹。树木生长期间或伐倒后，由于受外力或温度、湿度变化影响，致使木材纤维之间发生分离的现象，称为裂纹。按开裂部位和方向的不同，径裂、轮裂、干裂、端裂、心裂及表面裂等几种。裂纹不仅破坏了木材的完整性，降低了木材的强度，而且对旋刨影响很大，增加了工艺的复杂性，影响了产品的质量，降低了木材的利用率。

（6）夹皮。夹皮是树木受伤后继续生长而形成的。受伤部位还未完全愈合而形成的夹皮称外夹皮，受伤部位完全被木质部位包围的称为内夹皮。夹皮破坏了木材的完整性，并使木材带有弯曲年轮。夹皮随种类、形状、尺寸、数量和位置的不同，对木材的加工使用有不同的影响。

（7）弯曲。树干的轴线（纵中心线）不在一条直线上，有向前后左右凸出的现象，称为弯曲。

（8）斜纹。斜纹是由于木材纤维排列不正常而出现的纹理。斜纹在原木中呈螺旋状扭转，在成材中呈倾斜方向。在制材时，下锯方向不对，即使原木结构较正常也会产生斜纹，这就是人为斜纹。斜纹对木材的力学性质影响显著，纵向收缩大，干燥时易翘曲变形。

B 层积材与胶合板

胶合板是为了弥补一般木材翘曲。层积材是将角材或板材粘接重叠而成。这些材料虽然是用树木制成的自然素材，但已成为半成品化、规格化的较易于使用的材料。由于这些材料不像自然木材有规格上的限制，因此造型的范围较为宽松。层积材及胶合板的特征是多层侧面和断面的纹理。如果利用胶合板的粗糙断面特征，反而能创造出优美的造型。芬兰设计师阿尔托于

1928 年做了将胶合板弯曲成椅子的实验（见图 5-1）。此后，成形胶合板日趋实用化。它是应用胶合板的曲木加工技术，创造出的造型简洁、风格独特的作品。

5.2.3.3 石膏材料

石膏是一种天然的含水硫酸钙矿物。纯净的天然石膏是无色半透明的结晶体。常呈厚板状。由于杂质的渗入，天然石膏里有呈米黄色、肉红色、黑色等物体。普通天然石膏只能作某些产品的原料，不能单独使用，只有通过提炼加工，才能成为实体材料。设计中常使用的一般为熟石膏（食用石膏）。熟石膏呈粉状，与水混合后 5 ~ 10 分钟即可初步硬化。完全硬化后软硬程度适当，便于加工。

图 5-1   1928 年阿尔托制作的椅子

用熟石膏制作模型具有以下优点：

1）在不同的湿度、温度下，能保持模型尺寸的精确；

2）安全性高；

3）可塑性好，可应用于不规则及复杂形态的作品；

4）成本低，经济实惠；

5）使用方法简单；

6）复制性高；

7）表面光洁；

8）成形时间短。

A   调制石膏的方法和步骤

在开始调制石膏浆的操作前，必须先在容器中放入清水，然后再用手抓起适量的熟石膏粉，一次一次均匀地把石膏粉撒布到水里，让石膏粉因自重下沉，直到撒入的石膏粉比水面略高，此时停止撒石膏粉的操作。

让石膏粉在水中浸泡 1 ~ 2 分钟，使石膏粉吸足水分后，用搅拌用具或手向同一方向进行轻轻地搅拌，搅拌应缓慢均匀，以减少空气混入而在石膏浆中形成气泡。连续搅拌到石膏浆中完全没有块状，同时在搅动过程中感到有一定的阻力，石膏浆有了一定的黏稠度，外观像浓稠的乳脂，此时石膏浆处于最佳浇注状态。

特别要强调的是：

（1）调制石膏浆时，切记不可直接往熟石膏粉上注水。在调制石膏的过程中，不能一次撒放太多的石膏粉，否则也会产生结块和部分凝固现象，难以搅拌均匀；

（2）石膏撒放后要静置片刻，等它溢出气泡；

（3）要向同一方向搅拌；

（4）调制的浆液处于浇注时不能太稀也不能太稠，更不能开始固化。

B   石膏与水的配比关系

石膏模型是由石膏粉和适量的水混合后结成的固体物。在石膏粉质量一定的条件下，石膏模型的气孔率与机械强度取决于制作时的润湿水量。石膏的润湿水量愈少，则制作的模型密度愈大，机械强度愈高，气孔率愈低。若石膏的润湿水量愈多，则石膏模型的密度小，机械强度低，气孔率高，变得比较松软。我们在制作中摸索到石膏与水的配比，一般为 1∶1 或 1.35∶1，这样比例软硬程度适当。有时工作中有特殊需要时，可根据其不同用途选择合适配比。

注浆用模　石膏粉∶水 = 100∶70 ~ 80；

压坯用模　石膏粉∶水 = 100∶60 ~ 70；

石膏母模　石膏粉∶水 = 100∶30 ~ 40。

C　石膏凝固时间

在实际操作中，一般在石膏与水混合后 5 ~ 10 分钟开始放热时，即可判断石膏为初步凝固。此时，石膏质地比较松软，可做初步的形体修改。完全冷却后，石膏即达到使用强度。

影响石膏凝固时间的几种因素：

（1）与水的比例有关，如果水少凝固的时间短，反之则增长；

（2）与水的温度有关，如果水温高凝固的时间加快，反之时间减慢；

（3）与搅拌有关，搅拌愈多愈急剧，凝固愈快，反之凝固减慢；

（4）与添加的材料有关，加入少量的食盐，使凝固速度加快，如加入一些乳胶胶液，则能减慢凝固速度。

5.2.3.4　黏土类

黏土是一种天然的矿物，全国各地分布广泛，价格低廉。其主要化学成分是氧化硅、氧化铝和少量的氧化钾，具有矿物质细粒，经破碎、筛选、研磨、淘洗、过滤和水掺和而成泥的坯料可用于雕塑及需要拉坯成形的模型。黏土是一种很好的雕塑材料，具有可塑性强、加工制作方便、容易修改等特点，常被应用于设计初期的研讨性模型。

黏土比较重，干后容易开裂，强度低，容易碰碎，不好保存。黏土制作模型时一定要选用含沙量少，土结构像鱼鳞状的好黏土，但使用前也要反复加工，把泥和熟，使用起来才方便。黏土一般作为雕塑、翻模用泥使用。

陶土是陶艺的基本材料，它是天然矿物原料。常用的陶土主要有以下几种：

（1）高岭土　产于我国江西景德镇附近，也称瓷土；

（2）大缸泥（炻器）　是介于陶与瓷之间的一种原料；

（3）紫砂泥　主要产于江苏宜兴、广西、浙江、陕西、湖南、内蒙古等地。

陶土的主要化学成分含有三氧化二铝、二氧化硅和水，还含有钾、钠、钙、镁、铁等碱金属和碱土金属氧化物。陶土主要由黏土、石英、长石三大类原料合成，根据不同的烧制工艺，不同的泥料需要添加不同的矿物原料，调制每种原料的比例，以适应成形工艺和表面釉色的变化。

在调制陶土时，一般需要做土和水的试验。本试验是针对土的含水量变化时，对于外力会产生何种形态上的变化。方法是将泥土的水分含量分成几个阶段，从 5% 提高到 30%。在 20% ~ 25% 之间之所以设定水量 22% 的理由，是因为在这个阶段里，水分含量的变化最大而且最微妙。

从试验中可以知道，泥土中水分小，土收缩性增大，塑性变小、变硬，塑造时上泥费力，不易"塑型"，黏着力小，模型表面会龟裂，塑造后的模型不易保存。泥太稀黏性大而过软，妨碍大形塑造，易粘附在手和工具上，且受力弱，易坍塌，收缩性及干裂的可能性都较大。塑造过程中的用泥最好保持在相对接近的湿度状态。如果塑造泥料过于湿软，可按所需的量取其一部分，进行反复揉炼，以加速泥内水分的挥发。也可将湿泥放置于洁净而干燥的石膏板上，使之充分浸润，至适当湿度时再将泥料揉和均匀。将泥分成薄块置放于背阴处，晾干一段时间，再敲打使用。不要把稀泥放在阳光下晒干，这样做会使表面干硬的泥块经敲打后掺和在泥中，造成泥体的不均匀，使用时极不方便。塑造用的泥土的干湿软硬程度，以手指轻捻即可变形，不裂又不粘手指为宜。

特别要强调的是：由于泥模型材料受气候、温度、湿度变化的影响会产生的收缩和变形，在塑造过程中，如果模型表面的泥块湿度与里层泥的湿度一致，泥与泥之间粘合力强。若泥的表里干湿不一致，粘附力则受到影响，即使粘合在一起，一旦遇水，表层的干泥便会脱落，特别对模型的细节的塑造影响很大。所以对尺寸精度有严格要求的设计，通常要求采用质量稳定、塑性较好的黏土作为模型的塑造材料。因此黏土的品质是模型质量好坏的关键。选择质量好的泥塑材料有利于塑造过程的顺利进行。

塑造中用过的泥料，或已干固的泥料，可敲碎放回泥池或泥缸，加水闷湿，反复使用。塑造时需注意泥的保洁，勿粘混杂质，保持泥体的润洁。

一般材料店销售的黏土，通常含水量已经调整为 20% ~ 25% 之间，用真空搅拌而成的。不过，这只是想像中的泥土而已，一旦泥土含水量过低时，会变成坚硬或砂粒状。质地坚硬的泥土不适合弯折或粘合的制作技法，但是却比柔软的泥适合准确细致的雕琢。当泥土的含水量超过 35% 时，若添加微量水玻璃（硅酸钠）形成泥浆状，适合灌模、各种涂饰，以及掺入各种材料内成形。

5.2.3.5　油泥类

油泥是一种人工制造的软硬可调、质地细腻均匀、附着力强、不易干裂变形的有色造型材料，比普通水性黏土强度高、黏性强。油泥材料主要成分由滑石粉、凡士林、石蜡、不饱和聚酯树脂等根据硬度要求按一定比例混合而成，是产品设计模型制作中经常用到的一种材料。由于油泥加工方便、容易修改，特别适用于一些小巧、异型和曲面较多的概念模型的制作，在家用电器、汽车等交通工具的模型制作中应用十分广泛。

油泥模型在一般气温变化中胀缩率小，且不受空气干湿变化而龟裂，可塑性好，易挖补，颜色均匀，适于塑制创意模型及较精细的工作模型。油泥具有不易干裂的特点，常温下可以长时间的反复使用。在室温条件下的油泥硬固，附着力差，填补操作时需经加热变软后才能使用。但如果加热温度过高则会使油泥中的油与蜡质丢失，造成油泥干涩，影响使用效果。过硬或过软都会影响油泥的可塑性。油泥在反复使用过程中不要混入杂质，以免影响质量。不用时可用塑料袋套封保存，可长期反复使用。

塑造的辅助材料有木质、金属、塑料等材料。辅助材料是在塑造过程中为增强模型牢固性且可充当模型的骨架材料。木质材料有木板、木块等，金属材料有铁丝、薄铁板，塑料材料有塑料板、棒、管等，都可以用来扎制模型的内骨架。由于油泥材料的价格高于黏土材料，在制作较大的油泥模型可先用发泡塑料做内芯、骨架，以增大模型的内部体积，减少表面加泥量，使油泥的利用既经济又充分。同时，又能够有效地减轻模型的自重。但对于体量不大的模型则没必要使用，对于大、中型模型尤为适用。

5.2.3.6　塑料板材

凡是具有可塑性的物体，都称为可塑体（Plastics）。塑料加热后，可利用其可塑性而成形，因此称之为"塑料"。塑料品种很多，主要品种有五十多种，大致上可分为聚乙烯、聚苯乙烯、聚氯乙烯树脂、聚丙烯等热塑性树脂，以及酚醛树脂、氨基树脂（尿素树脂、三聚氰胺树脂）、不饱和聚酯树脂等热固性树脂两大类。

虽然塑料的种类繁多，工艺复杂，但是我们在制作模型时仅针对最具造型性的几种塑料进行二次成形的研究，探讨其造型的可能性。塑料的二次成形又称塑料的二次加工，是采用机械加工、热成形、连接、表面处理等塑料的二次加工工艺将一次成形的塑料板材、管材、棒材、片材及模制件等制成所需的制品。

A ABS 板、PVC 板

ABS 是由丙烯腈-丁二烯-苯乙烯三种基础成分共聚物组成。比重为 1.04，耐冲击、耐气候及化学药品、耐油。机械性能良好，韧性极佳，具有坚韧、刚硬的特征。易于切削、热弯及熔接成形。有较高的耐磨性和尺寸的稳定性，可进行机械切削加工如车、钻、铣、刨、锉、锯，以及粘接加工。ABS 工程塑料的熔点低，用电烤箱、电炉等加热，很容易使其软化，可热压、粘接多种复杂的形体。本色 ABS 制品不透明呈浅象牙色或瓷白色，着色性好，表面经抛光或打磨后喷漆光泽感好。此外，根据设计的需要还可以进行丝网印刷、喷绘、电镀等加工。

模型制作中最常用的是低温冲击型 ABS 工程塑料板，其尺寸规格齐全，是常用的板材之一。

常用 ABS 工程塑料规格为：

板材：厚度为 0.3 ~ 10mm，面积为 1000mm × 600mm 或 1200mm × 2000mm 等。

卷材：厚度为 0.3 ~ 0.8mm，宽度为 1200mm。

棒材：直径为 0.5 ~ 100mm。

管材：孔径为 2 ~ 80mm。

PVC 具有良好的耐电性及耐水、醇、酸与碱等性质。常见为灰色，多用于板、管料，管径有厚薄之分，又可分为软质与硬质，可根据需要选用。

B 发泡塑胶

发泡塑胶是利用物理或化学方法，使塑胶膨胀或发泡而成形。常用的发泡塑胶为发泡 PS（聚苯乙烯）和发泡 PU（聚氨基甲酸酯）两种。发泡 PS 通称保丽龙，是将预膨胀的 PS 小颗粒珠在膜内加热膨胀熔合而成，为热可塑性发泡材，用于做包装衬垫等。

发泡 PU 有软质与硬质之分，是利用树脂与发泡剂混合在模中反应而成，为热硬化性材料。软质发泡 PU 主要用于软垫、海绵等材料。硬质发泡 PU 主要为坚实的发泡结构，密度为 0.02 ~ 0.80g/cm³，具有良好加工性、不变形、不收缩、质轻、耐热（90 ~ 180℃ 以上），是理想的模型制作材料，也可用于隔热隔声和建筑材料。中高密度 PU 有良好强度，可为原型材料，大多是以块材表现。因为延展性不佳，无法表现线材或有展性的面材特征，粒状不易砂磨匀细，材质较软、强度不大，不能作精密或荷重模型，只能作为草模（粗模）。低密度 PU 质软，加工容易，适宜作造形性产品初型（草模或概念模）。

C 亚克力板（有机玻璃板）

丙烯酸塑料（Acrylic 音译国内为"亚克力"）属丙烯树脂类，是由德国的 Otto Rohm 于 1901 年首次成功合成的，至今已历经多次改进。亚克力具有 93% 以上的透光率，无透光形变，表面如镜面般光滑，如水晶般晶莹剔透，所以被称为塑料女王。虽然亚克力的密度只有玻璃的一半左右，但其强度却是玻璃的 15 倍之多，而且破裂时碎片也不会飞散。此外，亚克力的加工非常容易，经加热加压制成各种型材，密度为 1.2g/cm³。有无色透明、彩色透明、彩色不透明、彩色半透明、乳白半透明、各种花纹颜色等多种质硬板材（图 5-2）。

图 5-2 亚克力板（有机玻璃板）

亚克力适光性好、质量轻、强度高、色彩鲜艳、加工方便等特点，成形后适于保存。制作模型时可选用塑料板材、圆棒材、圆管材等进行加工，以适应不同形态的造型需要。通常亚克力厚板的利用率最高。板材具有较好的加工成形性和着色性，可利用热弯及粘接成形，或者以压合模、真空成形等制作复杂曲面造型，适用于吹塑、注射、压塑、浇注、吸塑、弯曲等成形加工。在作热变形处理时，切记加热要均匀，避免过热产生收缩起泡或烧燃现象。目前它已成为最受人关注的光造型的造型材料，具有无限的造型可能性。

5.2.3.7　玻璃钢模型材料

A　不饱和树脂

由玻璃纤维及其织物（如玻璃纤维布、玻璃纤维丝、玻璃纤维带等）与合成树脂（环氧树脂、不饱和聚酯树脂、酚醛树脂等）复合而成的材料，称作玻璃纤维增强塑料（俗称玻璃钢），分热塑性玻璃钢和热固性玻璃钢两种。

树脂模型的材料是以合成树脂为基料（如环氧树脂、聚酯树脂），配上催化剂、固化剂（过氧化环乙酮）调和而成的。在环氧树脂或聚酯树脂中加入催化剂按照 1% ~ 3% 的比例进行调配，调成胶状液体即可使用。调制而成的胶状液体为淡黄、带黏稠性、自身不凝结的液体，然后再加入固化剂——过氧化环乙酮后，即可固化。

在合成树脂中加入催化剂与固化剂的先后顺序为：先加催化剂，后加固化剂。

人们是通过加入固化剂的量来控制树脂的固化时间的。加入固化剂的量大，凝固速度快，易成形。反之，加入固化剂的量小，凝固速度慢，不易成形。由于加入固化剂后，产生化学反应而发热，会产生收缩和变形，因此固化剂的用量要适当。

在调制搅拌树脂的过程中会产生许多小气泡，这是很麻烦的一件事。气泡将在固化后的树脂表面产生许多不必要的空洞。工业生产中经常采用真空机来抽出空气，所以在手工操作搅拌树脂时就需要格外小心，尽量避免气泡的产生。

在树脂中加入一定量的填充材料，可以改变树脂的密度和颜色，还可以产生特殊的肌理，树脂模型的颜色可以得到改变。当加入滑石粉和钛白粉后，树脂的颜色可变为与石膏相近的不透明白色，易于表面涂饰。

由于树脂的高强度低韧性，所以在翻制空心的树脂模型时，可以通过使用玻璃纤维丝或玻璃纤维布来强化树脂的韧性，以改善其品质。

B　杜邦可利安

杜邦可利安是针对兼备天然材料和塑料两者的优点开发出的含有 MMA（甲基丙烯酸甲酯）树脂的强化无机材料。换言之，它是氢氧化铝和丙烯酸树脂的复合材料，也是所谓人造大理石的代表性材料（图 5-3）。它在美国诞生已有 20 多年的历史，世界上约有 30 个国家使用它。日本引进后，经过十几年也已国产化。由于它具有柔和的质感，能耐冲击和不变色，容易加工，因此广泛地应用于厨房橱柜、桌面上。在颜色方面，大多采用以白色为主的清淡色调，所以具有柔美的视觉效果。由于材质具有高雅的格调、优异的耐久性、良好的相容性以及易加工的优点，因此很适合作造型素材。虽然它是大理石的模

图 5-3　杜邦可利安

仿品，但可以成为未来的新材料。在胶接方面，采用名叫"西姆"的专用粘接剂，几乎看不出接缝。在生活与艺术结合的今日，原属厨房用品的素材变成美丽的艺术品，改变人们的审美意识，已是可能的了。此种材料是最符合现代感觉的造型素材。采用此种材料作教学的材料，通常不使用板面较大、重量较重、加工处理上不便的厚板。所谓"可利安"，是电脑用语。

5.2.3.8　金属材料

如同青铜器时代、铁器时代等名词所说明的那样，可以明确，自远古时代以来，金属已经被广泛地应用在人类生活之中。今后，对人类来说金属仍然是最为重要的材料。这是因为金属具有许多比其他材料优越的特性，而且能够大量生产的缘故。在造型领域里，金属造型的形式最富变化，这是因为金属本身的种类繁多，加工技术也多种多样，所以造型的范围自然就广泛。

金属的种类很多，各具不同特性，以下列举几项一般的特性：

（1）物理特性。通常情况下，金属重量较重可在高温中熔解，能热膨胀，是电与热的良好导体，有光泽，有磁性（铁、钢等）。

（2）化学特性。可腐蚀。

（3）机械特性。耐拉伸、弯曲、剪切，具有延展性，通常较坚硬。

5.3　工业产品模型制作的方法

5.3.1　模型制作的工具

工具是用来制作模型所必需的器械。随着科学技术的发展，模型制作的材料种类繁多，因而制作的技术也随之不断变化，工具在模型制作中的重要作用也日益显现出来。

模型制作的工具应随其制作物的变化而进行选择。从某种意义上来说，工具和设备的拥有量影响和制约着模型的制作，但同时又受到资金和场地制约。在模型制造中，对于重要的材料都有特定的工具，而选择、使用工具显得尤为重要。对所有工具都适用的一句话就是：买较高品质的工具总是值得的。只有锐利的切割才能有准确的棱角。好的工具也有较长的使用寿命，只是它们需要磨利、上油等维护。

使用工具应该注意安全。在切割、削尖时，尤其是使用快速运转的机器时，都要注意到可能受伤的危险。然而，初学者往往低估模型工具和模型机器的危险性，只是因它们比较小，比起大型的木工机器显得不那么危险。虽然护目镜和呼吸防护面罩有时也许会妨碍到工作，但假若一不小心让碎片崩到眼睛里，是有可能造成永久性伤害的。研磨所产生的灰尘会刺激眼睛和呼吸道，可能因此造成气喘。溶剂（稀释）的蒸汽烟雾也可能危害人们的健康，而有些溶剂甚至是易爆炸的。因此工作的环境必须保持通风，且工作者不能吸烟。

5.3.1.1　测绘工具

在模型制作过程中，经常会有测量、缩放、画线等基本操作，按要求则有不同的精度分类。对于一般的模型制作而言，从实际效果上讲有0.1mm的精度就足够，同时还要考虑其成本与效率之间的关系。

工具是十分重要的，它直接影响着模型测绘的精确度。在选择测绘工具时，要注意刻度的准确性，减少累计误差，避免在实际制作过程中因测量精度不准而引起的返工。还应注意的是，测绘用具和制作工具应严格区分，这样便可以减少因剪裁的磨损而引起直线弯曲、角度不准等问题。

一般常用的测绘工具有：

（1）三棱尺（比例尺）。三棱尺是测量、换算图纸比例尺度的主要工具，其测量长度与换算比例多样，使用时应根据情况进行选择。三棱比例尺还能作定位尺，在对稍厚的弹性板材作60°斜切割时非常有用。

（2）直尺、三角板、丁字尺。直尺是画线、绘图和制作的必备工具。常用的是有机玻璃尺、不锈钢直尺。其常用的长度有 30cm、50cm、1.0m 或 1.2m 几种。不锈钢尺由于其耐磨、耐腐蚀、不怕划等特点，在模型作业中应用较多。

三角板是用于测量及绘制平行线、垂直线、直角与任意角的量具。一般常用的是 30cm。

丁字尺用于测量尺寸及画平行线、长线条和辅助切割的工具，尺身多为透明的有机玻璃。通常用非工作边来裁切。

（3）卷尺、弯尺、蛇尺。

卷尺用于测量较长的材料。

弯尺是用于测量 90°角的专用工具。尺身为不锈钢材质，测量长度规格多样，是模型制作中切割直角时常用的工具。

蛇尺是一种可以根据曲线的形状任意弯曲的测量、绘图工具。质感为橡胶状，尺身长度为 30cm、60cm、90cm 等多种规格。

（4）游标卡尺。游标卡尺是用于测量加工物件内外径尺寸的量具。同时，它又是在软质类材料上画图的理想工具。其测量精度可达 ±0.02mm，一般常用的有 15mm、30mm 两种量程。

（5）圆规、分规。圆规是用于测量、绘制圆的常用工具。常用的有一脚是尖针、另一脚是铅芯和两脚均是尖针的圆规。后者经常用于等比的分割划线，也被称作"分规"。

（6）模板。模板是一种测量、绘图的工具。它可以测量、绘制不同形状的图案，主要有曲线板、绘圆模板、椭圆模板、建筑模板、工程模板等。

（7）画线工具。用于在各种材料上画线或写记号。应该根据材料的质地和颜色的不同进行选择。如材料是浅色用深色笔，反之则用浅色笔。

鸭嘴笔是画墨线的工具。

随着电脑雕刻机的应用，一些尺寸数据一般都在电脑上直接设定，所以在现代模型制作艺术中，靠人的手、眼来把握精度的情况已经越来越少，有些工具已不常用。但要说明的是，在使用一些测绘工具时要注意是否变形、是否准确等，以免影响质量。专业的模型技师一般都有自己的专属工具，尤其是上年纪的老技师更是如此，他们自己制作的许多"听话"的专门化工具更是不胜枚举。

5.3.1.2 剪裁、切割工具

剪裁、切割贯穿模型制作过程的始终。为了满足制作不同材料的模型，一般应具备如下一些剪裁、切割工具。

（1）勾刀。勾刀是切割玻璃、防火板、塑料类板材的专用工具，因其刀片呈回钩形而得名。刀片有单刃、双刃、平刃三种，它可以按直线和弧线切割一定厚度塑料板材。同时，它还可以用于平面划痕。

（2）手术刀。手术刀是用于模型制作的一种主要切割工具。刀刃锋利，广泛用于切割卡纸、赛璐珞、发泡板、APS 板、航模板等不同材质、不同厚度材料的切割和细部处理。

（3）推拉刀、剪刀、单双面刀片。

推拉刀俗称壁纸刀。在制作模型时可用来切割卡纸、吹塑纸、发泡塑料、各种装饰纸和各种薄型板材等。

剪刀是剪裁各种材料的必备工具。一般需大小各一把。不可以使用白铁剪来剪金属线，因为这样会有小缺口，之后将无法完成干净利落的切割。

单双面刀片是刮胡须用的刀片，刀刃最薄，极为锋利，是切割薄型材料的最佳工具。

（4）45°切刀、切圆刀。

45°切刀是用于切割45°斜面的一种专用工具。主要用于纸类、聚苯乙烯类、APS板等材料的切割，切割厚度不超过5mm。

切圆刀与45°切刀的切割材料范围相同。

（5）手锯、电动手锯。

手锯俗称刀锯，是切割木质材料的专用工具。此种手锯的锯片长度和锯齿粗细不一，在选购和使用时应根据具体情况而定。

电动手锯是切割多种材质的电动工具。该锯适用范围较广，在使用中可任意转向，切割速度快，是材料粗加工过程中的一种主要切割工具。

（6）钢锯。钢锯又叫钢丝锯，有金属架钢丝锯和竹弓架钢丝锯之分，但性能是一样的。钢丝锯的锯条是用很细的钢丝制成，由于锯料时的转角小，锯口也很小，故能随心所欲地锯出各种形状。钢丝锯还是锯割有机玻璃材料的理想工具。

钢锯适用范围较广，锯齿粗细适中，细锯条在使用中可任意转向，切割速度快，使用方便，可以切割木质类、塑料类、金属类等多种材料，是材料粗加工过程中的一种主要切割工具。

（7）电动曲线锯。电动曲线锯俗称线锯，是一种适用于木质类和塑料类材料切割的电动工具，在使用时可根据需要更换不同规格的锯条，加工精度较高，能切割直线、曲线及各种图形，是较为理想的切割工具，缺点是锯条易断、需二次加工。

（8）电热切割器。电热切割器主要用于聚苯乙烯类材料的加工，可以根据制作需要进行直线、曲线、圆及建筑立面细部的切割，操作简便，是制作聚苯乙烯类模型必备的切割工具。

（9）台式电锯。台式电锯的人机关系比较适宜，加工时比较方便，一般自带定位卡具。加工出的产品较规矩，毛边较为干净。

（10）钻孔工具。

1）手摇钻。常用钻孔工具，尤其是在脆性材料上钻孔时比较好用。

2）手持电钻。可在各种材料上钻1~6mm的小孔，携带方便，使用灵活。

3）各式钻床。有台式钻床、立式钻床和摇臂钻床。钻床可在不同材料上钻直径、深度较大的孔。

（11）切割垫。切割垫是有遮蔽的透明塑胶盘，能实现各种方向的切割，而且刀锋不会变钝。

5.3.1.3 打磨修整工具

打磨是模型制作过程中非常重要的精细基础性环节。在模型制作中，无论是粘接或是喷色前，都要进行打磨，其精度直接影响到模型构成后的视觉效果及模型的质量。

常用的打磨工具有以下几种。

（1）砂纸、砂纸机、砂纸板。砂纸分为木砂纸和水砂纸两种。根据砂粒目数分为粗细多种规格的粗糙程度。使用简便、经济，可以适用于多种材质以及不同形式的打磨。

砂纸机是一种电动打磨工具，主要适用于平面的打磨和抛光。该机打磨面宽，操作简便，打磨速度快，效果较好，是一种较为理想的电动打磨工具。有的砂纸机功能较多，还能多个相交面加工，缺点是需要专用的砂纸带。

砂纸板是一种自制的有效打磨工具。用砂纸贴于平整的硬板两侧，既平整，又好用，有时也制成圆弧状，用于内磨圆弧。

（2）锉、组锉、特种锉。锉是一种最常见、应用最广泛的打磨工具。它分为多种形状和规格，按其断面形状不同，可分为板锉、方锉、三角锉、半圆锉和圆锉等几种。为了充分发挥锉刀的效能，在锉削时必须选择合适的锉刀。板锉主要用于平面及接口的打磨；三角锉主要用于内角的打磨；圆锉主要用于曲线及内圆的打磨。上述几种锉刀一般选用粗、中、细三种规格，其长度以 12.7 ~ 25.4cm 为宜。

什锦锉俗称组锉。是由多种形状的锉刀组成，有每组 5 把、6 把、8 把、10 把、12 把等不同的组合。锉齿细腻，适用于直线、曲线及不同形状孔径的精加工。

特种锉是锉削工件特殊表面用的工具。按其断面形状不同，可以分为刀口锉、菱形锉、鹿茸三角锉、椭圆锉和圆肚锉等几种。

（3）木工刨。木工刨主要用于木质材料和塑料类材料平面和直线的切削、打磨。它可以通过调整刨刃露出的大小改变切削和打磨量，是一种用途较为广泛的打磨工具。一般常用刨子规格为 5.08cm、10.16cm、25.4cm。

（4）砂轮机。砂轮机主要由砂轮、电动机和机体组成，用于磨削和修整金属或塑料部件的毛坯和锐边。按外形可分为台式砂轮机、立式砂轮机两种，使用时可根据磨削的材料种类和加工的粗细程度选择型号（直径、硬度、粒度）合适的砂轮机。

小型台式砂轮机主要用于多种材料的打磨。该砂轮机体积小、噪声小，转速快并可无级变速，加工精度较高，同时还可以连接软轴安装异型打磨工具，进行各种细部的打磨和立体雕刻打磨，是一种较为理想的电动打磨工具。

5.3.1.4 辅助工具

辅助工具并非不重要的工具，相反，近年来随着模型制作技术的发展，原来不常用的一些工具现在被经常用来辅助制作，这对个性化的制作来讲有时是必不可少的工具。

（1）钣钳工具。

1）台虎钳。是用来夹持较大的工件以便于加工的辅助工具。从结构上可分为固定式和回转式两种，回转式台虎钳使用方便，应用较广。

2）桌虎钳。适用于夹持小型工件，其用途与台虎钳相同，有固定式和活动式两种。

3）手虎钳。用于夹持很小的工件，便于手持进行各种加工，携带方便。

（2）喷涂工具。气泵、喷笔、喷枪和压缩机是最常用的喷涂工具。在喷枪内用稀料调好漆，靠调节气流给模型喷上颜色并制作各种特殊的质感和效果。

此外，各种刷子（平刷和圆刷）可以用来刷漆，旧牙刷也会有用；喷刷格网和喷绘台也是辅助喷漆的工具；瓷制的调色盘、各种杯子及瓶子等可以用来调色和做容器；薄蜡、化妆铝箔也会用得着。

（3）焊接整型工具。

1）氢氧火焰抛光机。氢氧火焰抛光机是专用的对有机玻璃抛光的设备。利用水分解成氢和氧加以燃烧，产生干净的纯焰进行抛光，抛光的质量取决于抛光前的精磨。

2）磨光机械。盘状磨光机会带圆盘直径从 30 ~ 40cm，并附带一体的吸尘器或是灰尘袋。

一个盘状磨光机必须配有一张可旋转的工作桌或是可调节的活动挡板，马达若是可以向左或向右转向是最好的，我们可以得到磨光锯片形成的各式不同的颗粒。我们应该经常更换新的、锐利的磨光锯片，这样才能够得到完美无缺的光滑平面，而不需耗时耗力地做事后补救工作。磨光锯片使用特别的黏胶安置在磨光转盘上。这种黏胶能够快速更换，不要使用其他的黏胶。作品总是在盘状磨光机的一边被磨光，在磨光时转动的方向是垂直地向下运动。如果是在另一边进行磨光的话，则磨光灰尘会被高高地旋起，而作品会从手中被撕裂（将对眼睛造成伤害）。

此外，掌上型带状磨光机械、振动磨光机等也时而使用。

在进行磨光前，应将作品来回地摇动，以避免表面出现凹槽和烧焦。

3）特制烤箱。用于有机械玻璃和其他塑料板材的加热，以便弯曲成形。电热恒温干燥烘箱的温度可以在 150～300℃ 之间设定，用于对压模变形的有机玻璃、ABS 板等进行定时、定温烘烤。电炉最好选择 1500～2000W 的大炉盘。

4）电烙铁。用于焊接金属工件，或对小面积的塑料板材加热弯曲。一般选用 35W 内热式及 75W 外热式电烙铁各一把。

5）电热吹风机。最好选择 1200W 理发用的电热吹风机。可对大块有机玻璃片进行热加工，或促使某些工件快速干燥，还可用于对塑料板材焊接加工，电热吹风机吹出来的热风能熔化塑料焊条，可以很容易地将两块塑料板材焊接在一起。

6）敲击工具。锤子是最常用的击打工具，要准备大、中两把锤子以便用于不同的工作。用于模型上以橡胶锤为好，还要准备其他各种木槌，如轻槌（100g）、重槌（500g）、小木棒等。

5.3.1.5 其他工具

（1）镊子。制作细小构件时特别需要镊子进行制作和安装。

（2）医用注射器。粘接有机玻璃片、ABS 板时需要三氯甲烷，而粘接赛璐珞时需要用丙酮，这两种溶剂极易挥发，如装在注射器内则十分方便，用多少打出多少。一般选用 5mL 医用玻璃注射器为好，针头一般选用 5 号、6 号或 7 号。

（3）静电植绒机。用于大面积铺种草地的设备。使用方便，有双筒和单筒两种。

（4）粉碎机。起粉碎作用。一般把已染色的海绵粉碎成小颗粒后，再加工成各种植物、草地。

（5）清洁工具。在制作建筑模型的过程中，模型上会落有很多毛屑和灰尘，还会残存一些加工的碎屑。可用毛笔、油画笔、板刷、照相机清洁用的吹气球等工具来清洁。

（6）组合微型加工机。目前，市场上经常见到的一般是奥地利 The Cool Tool Gmbh 公司生产的产品，分标准型和专业型，在国内多是针对 DIY 用途。由于电机功率小，不易伤人，较适用于加工模型上的小异型件，并广泛用于少年科技馆内。

（7）小型多用机床。有些构件相对较大、材质相对较硬就要用到小型机床。考虑到方便的因素，组合多功能型用于模型加工比较合适。

（8）多用手动万能加工机。美国造 DREMEL 多用手动万能加工机，在国外多是针对 DIY 用途。有非常多的功能，包括刨、切、钻、磨、刻、雕等几十种用途。其电机功率小，不会伤人，一般是被加工体不动，加工机动作，加上软轴后更是用途广泛。

5.3.2 切割工具的使用

5.3.2.1 用美工钩刀切割材料

美工钩刀是切割有机玻璃板、ABS 工程塑料板和其他塑料板材的主要工具。美工钩刀的使用方法是在材料上画好线，用尺子护住要留下材料的一侧，左手扶住尺子，右手握住钩刀的把柄，用刀尖轻刻切割线的起点，然后力度适中地用刀尖向后拉，反复几次直至切割到材料厚度的 2/3 左右再折断。每次钩的深度约为 0.3mm 左右。

5.3.2.2 用双面刀片切割材料

双面刀片刃最薄、最锋利，是一些要求切工精细的薄型材料如各种装饰纸等的最佳切割工具。但是双面刀片难以操作，可用剪刀将刀片剪成所需的小片，再用薄木板或塑料板做个夹柄将刀片镶好后再使用。双面刀片使用时既安全又灵活，是切割精细薄型材料的理想工具。

5.3.2.3　用鼓风电热恒温干燥烘箱加工异形部件

鼓风电热恒温干燥烘箱的规格、型号和温度有许多种，一般常用的型号是 SC101 - 2，温度在 150 ~ 500℃之间可调，使用 220V 电压的交流电，工作室的尺寸是 45cm × 55cm。在用塑料制作模型时，经常要将材料弯成曲面形状，可采用这种干燥烘箱，它适用于烘软比较大的材料。在使用时，将恒温干燥烘箱的电源接通，打开开关，根据不同塑料进行温度定位后再将截好的塑料放进干燥烘箱，此时把保温门关紧，待塑料烘软后，迅速将塑料放置在所需弧形模具表面上碾压冷却定型。

5.3.2.4　用钢丝锯加工异形部件

钢丝锯有金属架和竹弓架两种，是在各种板材上任意锯割弧形的工具。竹弓架的制作是选用厚度适中的竹板，在两端钉上小钉，然后将小钉弯成小钩，再在一端装上松紧旋钮，将锯丝两头挂在竹板的两端即可使用。使用时，首先将要锯割的材料上所画的弧线内侧用钻头钻出孔，再将锯丝的一头穿过孔去挂在另一端的小钉上，按照所画弧线内侧 1mm 左右进行锯割。锯割沿上下方向进行。

5.3.2.5　用电热丝锯切割较厚的软质材料

电热丝锯一般用来切割聚苯泡沫塑料、吹塑或弯折塑料板等。一般是自制的，由电源、电热丝、电热丝支架、台板、刻度尺等组成。切割时打开电源，批示灯亮，电热丝（扬琴弦）发热，将欲切割的材料靠近电热丝并向前推进，材料即被迅速割开。

5.3.2.6　用电动圆盘锯割机切割较厚的硬质材料

电动圆盘锯割机一般是自制的，适用于不同长度有机玻璃的切割。它是由工作台面、电动机、带轮、锯片、刻度尺和脚踏板组成。在切割前，先让锯片空转，再将有机玻璃放置平稳并靠向齿轮锯片进行切割。因这种工具比较危险，所以在工作前一定要穿好工作服和戴好工作帽，不能戴手套。在切割时，一定要注意安全操作，最好自制辅助工具推送材料。

5.3.2.7　用钢锯切割金属、木质和塑料板材

钢锯适用于锯割铜、铁、铝、薄木板及塑料板材等。锯材时要注意，起锯的好坏直接影响锯口的质量。为了锯口平整和准确，握锯柄的手指应当挤住锯条的侧面，使锯条保持在正确的位置上，然后起锯。施加压力要轻，往返选行程要短，这样就容易准确地起锯。起锯角度稍小于 15°，然后逐渐将锯弓改至水平方向，快锯断时，用力应轻，以免碰伤手臂。

5.3.3　钻床的使用

钻床是一种常用的孔加工设备。在钻床上可装夹钻头，用来进行钻孔。用钻头在实体材料上加工孔的方法，称为钻孔。在建筑模型的制作中，有许多工件上需要镂空时，先要钻孔。钻孔时，是依靠钻头与工件之间的相对运动来完成钻削加工的，在钻床上钻孔是钻头旋转而工件不旋转。

5.3.3.1　钻床的种类

钻床分台式钻床和立式钻床

（1）台式钻床。台式钻床是一种可放在工作台上使用的小型钻床，简称台钻。其钻孔直径在 1 ~ 12mm 之间。台钻主轴转速很高，最高达每分钟数千转。常用 V 形皮带传动，由五级带轮来变换速度。台式钻床主轴是用手操作进给，钻台可以升降和旋转角度。台钻小而灵活、使用方便，是建筑模型制作中常用的工具。

（2）立式钻床。立式钻床钻孔的直径规格有 25mm、35mm、40mm 和 50mm 等几种。立式钻床主要由主轴、主轴变速箱、进给箱、立柱、工作台和基座组成。它可以自动进给，主轴转速和自动进给量都有较大的变动范围，因此能适应不同材料、中型工件的孔加工工作。

5.3.3.2 钻头的种类、结构和用途

（1）钻头的种类。常用的有扁钻、中心钻、麻花钻、深孔钻和直槽钻等。在模型制作中常用的是麻花钻，一般用高速钢制成，它是由柄部、颈部及工作部分构成，柄部有直柄和锥柄两种，是钻头夹持部分。

（2）钻头的结构和用途。麻花钻的柄部是用来传递钻孔时的转矩和轴向压力。直柄所能传递的转矩较小，一般用于小直径钻头；锥柄能传递较大的转矩，而且装夹时定心精度较高，所以一般用于大直径钻头（13mm 以上）。麻花钻的颈部是为磨削钻头外径时供砂轮退刀之用，一般钻头的规格、材料和生产厂家标注在该位置。麻花钻的工作部分由切削和导向两部分组成。切削部分是指两条螺旋槽形成的主切削刃及横刃，主要起切削作用；导向部分用来保持麻花钻头工作时的正确方向，导向部分有两条螺旋槽，是螺旋刃在钻削时容纳和排除切屑的。

5.3.3.3 钻孔的方法

A 钻孔前的准备工作

（1）钻头的刃磨。钻孔前如发现钻头切削部分磨损或改变切削部分形状时，必须进行刃磨。

（2）工件的夹持。钻孔时可根据工件的大小来选择夹具，如工件较小且平整，可以用手虎钳夹持进行钻孔。在平整的工件上钻孔还可以用平口钳夹持，夹持时在工件下面垫木块，使用平口钳时要用螺钉将其固定在钻床工作台面上。在钻削轴和圆形类工件时，可选用 V 形块并用螺钉、压板将工件和 V 形块紧压在钻床工作台布进行钻孔。

（3）切削用量的确定。钻孔时，应根据不同材料来选择切削的速度和进给量。钻硬材料时，切削速度要低一些，进给量要小一些；钻轻材料时，切削速度要高一些，进给量也要大一些。用小钻头钻孔时，切削速度可快一些，进给量要小些；用大钻头钻孔时，切削速度要低一些，进给量适当大些。

B 钻孔的方法

先在工件上画好钻孔的轴心线，冲击钻孔中心点时，孔的中心点要打得大些，以便于钻头定位。如果是在金属工件上钻孔，还要加切削液散热降温。开始钻孔时，钻速要高些，钻头尖对准孔的中心点，用手操作进刀，先轻轻地钻一点，然后检查钻孔的中心点与所画孔是否偏移，不偏就可以开始钻孔。如果偏移，则要进行矫正后再将孔钻深或钻透。

C 钻孔的安全操作

首先检查钻床的各部位是否完全固定好，工作场地周围不应有障碍物。在钻孔操作前，一定要穿工作服，扣好纽扣，扎紧袖口，并戴好安全帽，严禁戴手套。开动钻床前，应检查工件是否夹紧。钻孔时的切屑要用刷子清除，切勿用嘴吹，以免切屑刺伤眼睛。装卸或检验工件时应先停车。钻孔工作完毕后，应关掉机床的电源。钻床每次用完后都应擦干净，并做好三级保养。

5.3.4 钣钳工具的使用

虎钳是用来夹持工件进行加工的必备工具，一般可分台虎钳、桌虎钳和手虎钳三种，这里主要介绍台虎钳的使用。

台虎钳的规格是以其钳口能伸张的最大长度来表示，有 100mm、125mm、150mm 等不同的规格。

5.3.4.1　台虎钳的结构

台虎钳有固定式和回转式两种。回转式台虎钳使用灵活方便，其主要结构是固定钳身、活动钳身、转盘座和夹紧盘。转盘座上有三个螺栓孔，用来与钳台固定。固定钳身可在转盘座上绕其轴心转动，当转到要求的方向时，拨动手柄合其夹紧，便可在平紧盘的作用下把固定钳身紧固。台钳上的手柄是用来使丝杆旋转的，可带动活动钳身移动，起夹紧和放松工件的作用。固定钳身和活动钳身上各装有钢质钳口，是用来夹紧工件的。

5.3.4.2　台虎钳的使用

在夹持工件前，用表面光整的板材贴住工件，以保护好工件的表面不致被夹坏。在夹持工件时，用双手的力量来扳紧手柄，切勿用其他工具来敲击手柄，以免损坏台虎钳的各部件。在活动钳身的光滑平面上，不能用其他工具进行敲击，以免降低它与固定钳身的配合性能。台虎钳必须牢固地固定在钳台上，使钳身没有松动现象，否则容易损坏台虎钳和影响工件加工的质量。

5.3.5　锉削工具的使用

锉削是制作建筑模型时修整毛坯的主要加工方法。锉可以用来锉削平面、曲面和各种形状复杂的表面。

5.3.5.1　锉的选择

为了充分发挥锉的效能，必须正确选择锉。常用锉的种类按其断面形状有扁锉、方锉、三角锉、半圆锉、圆锉、刀锉、椭圆锉、菱形锉、圆肚锉等。每种锉都有它适当的用途，锉削前必须根据工件材料的性质、形状的特点及所要求的表面粗糙度正确地选择锉。锉的断面形状要和工件加工部位的形状相适应。

5.3.5.2　锉粗细齿的选择

锉粗细齿的选择，取决于工件的修整余量大小、加工精度和表面粗糙度的要求，同时也要考虑材料的软硬，软材料选用粗锉，较硬的材料选用细锉。另外，工件修整余量大、精度低和表面粗糙的选用粗锉，反之，先用细锉。

5.3.5.3　锉削方法

A　平面锉削

要锉修平直的平面，必须使锉保持直线的锉削运动。因此，锉削时必须正确地掌握握锉方法以及施力的变化。在使用时，一手握住锉柄，一手压在锉的另一端上，使锉保持水平，然后进行推拉运动。锉前进时施加压力并保持水平，返回时稍放松，以免损伤已加工表面。平面锉削方法分顺向锉、交叉锉和推锉三种。

（1）顺向锉。锉的运动方向与工件夹持方向一致，这是最常用的一种锉削方法，一般锉削余量不多的加工面和精锉都采用这种方法。顺向锉的纹理较细，有锉纹均匀、清晰的特点。

（2）交叉锉。相互交叉角度的锉法称为交叉锉。锉的运动方向与工件夹持方向的左右各成 30°~40°。交叉锉时，锉与工件的接触面积大，锉削后能获得较高的平面度，但表面粗糙度较粗，适用于对工件进行粗锉削加工。

（3）推锉。双手横拿锉往复锉削的方法称为推锉。一般用于锉削狭长平面，因为这种锉削方法效率低，所以只在加工余量较小的工件和修正尺寸时使用。

B　直角面锉削

直角面锉削是工件加工时经常用到的,大多是内外直角面的锉削。当锉削内外直角面时,先锉削外直角面,以便测量其他各加工面,然后再锉削其垂直面,锉削后用角尺测量检查垂直度的误差;锉削内直角面时,先锉准与外直角面中基面平行的平面,然后再锉准与其垂直的面,锉削后用角尺校正。

C 曲面锉削

曲面锉削分外圆弧面、内圆弧面和球面三种。

(1)外圆弧面锉削。锉削时,锉刀在往返运动的同时应环绕工件圆弧面中心转动。

(2)内圆弧面锉削。锉削时,锉的运动是左右推拉和环绕内圆弧中心转动。

(3)球面锉削。锉削时,锉在做外圆弧切削动作的同时,还应环绕球面后中心和周向做转动。

D 锉削的安全操作

不准使用无柄或手柄有裂缝的锉进行锉削,以免锉舌刺伤手腕。

锉削到一定程度时,要用锉刷顺锉纹方向刷去锉纹中的残屑。切勿用嘴吹切屑,防止切屑飞进眼睛。

锉不要随意放置在台钳上,以免掉落伤人或损坏锉。

锉不能用于敲击或撬起其他物品,因为锉性脆,容易断裂。

5.3.6 CNC 加工的使用

CNC 加工可以加工出精度相对较高的产品样品,材料主要有 ABS、PC、PP、铝合金等。CNC 加工还可直接生产零件(即用工程塑料或合金材料直接加工成产品零件,而不需开模,节省了时间和开模成本,适用于产品批量较小的订单)。电脑雕刻机是科技发展的产物。计算机技术的迅猛发展,使得当今的建筑师可以借助于计算机这种高科技工具快速、精确制作实体模型。这种计算机实体模型的制作系统一般由绘图和制作两部分组成。

使用时,首先用计算机绘图的技术方法建立设计方案的电脑三维模型,然后将该模型数据输送到联机的 CNC 机上,计算机可以控制刀具切削出模型的各个细节部分。这种系统属于CAD/CAM 技术,一般需要有专门的软硬件支持。

5.3.7 激光快速成形的使用

激光快速成形是一种采用离散分层,逐层堆积的原理,直接利用产品的三维电脑数据实现为产品的原型。目前比较成熟的激光快速成形技术主要有 SLA 和 SLS 两种。

(1)SLA——采用 RS350 设备,是国际最先进的激光快速成形工艺之一,材料为光敏树脂。基于光敏树脂受紫外光照射会凝固的原理,计算机控制的激光逐层扫描固化槽中的光敏树脂,使其凝结固化。每一层固化的截面由产品零件的 3 维 CAD 模型软件分层得到,直至最后得到整体的产品零件原型。其材料成形后为乳白色,对产品的结构性没有要求,可制作非常精细的细节及薄壁结构,精度高,易于后处理(材料型号有:VANTIC07560、SOMOS14120……)。

(2)SLS——采用 AFS-450 设备,采用选区激光烧结的技术,激光束在计算机的控制下透过激光窗口以一定的速度和能量密度扫描尼龙粉末,激光束扫过之处,粉末烧结成一定厚度的片层,激光束再次扫过后,所形成的第二个片层烧结在第一个层上,如此重复,一个三维实体原型就形成了。其材料选用尼龙粉末,成形后产品强度及韧性极佳,适合于装配性的结构验证。另外,采用添加玻璃纤维的尼龙粉末可制作产品强度要求更高的直接零件(材料型号:PA2200、PG3200……)。

5.3.8　真空覆模的使用

真空覆模是指通过制作简易模具，把 2~3 种成分的化学原料（液态）充分混合后，利用真空灌注技术把它注入模具型腔，混合的化学原料在一定时间后固化（根据不同的材料，固化时间 15~120 分钟不等）成形为跟原样一样的工件。此方法成本低，周期短，前提是须有原样，在制作小批量样板及需要改变材质的项目上很有优势。

通过真空覆模的技术可以有两种用途，一是进行小批量的样品生产，二是可以改变材质。可以将由石膏或油泥雕刻的样板或激光快速成形制作的样板通过覆模改变到易于后续加工处理的 PU 或 POLY 的材质或有特殊要求的材质（如要求透明的、耐高温的、高强度的或有橡胶特性的等）。

5.3.9　制作模型的手工技能

制作模型前必须具备一定的手工加工能力，这些能力主要是指空间形态的塑造能力、相关技术的基本技能和模型表层涂饰工艺等。

5.3.9.1　纸质模型加工成形工艺

基本加工方法如表 5-1 所示。

表 5-1　纸质模型加工方法

加工效果	变　貌　手　段			
	不变量	增　量	减　量	变　质
起　筋	折叠、折曲、作皱	粘贴筋型	剪掉、用型打穿	燃　烧
麻　面	折叠、折曲、作皱、划破	订级	撕碎、揭层、用型打穿、划破	燃烧、腐蚀
凸　凹	折叠、折曲、作皱、模压、捏塑	插接、泡涨	自动卷曲（干燥）	
破　裂	扭曲、拧搓、捅破、划破、剪开		溶解成糊状	
立体成形	模具铸造	还原成纸浆		

5.3.9.2　木材模型加工成形工艺

木材是一种古老的造型材料，取材方便，并易于加工成形。木材材质纹理美观，是传统的工业设计模型制作的常用材料。在模型制作中，木材的制作费不高，但耗工时，技术含量高，因而多与其他材料结合起来使用。

A　木材模型加工成形的步骤与方法

（1）合理选材。用于加工模型的木料分为木方料（指原木方料）、板料（指原木板料和人造板料）两种。选择木料加工模型，应根据具体的设计效果与材料特性合理配置。较小的模型应选择强度低的木材，反之则选用强度高的木材以确保模型的强度。应根据设计效果，遵循以下原则合理选择木制材料。

制作小模型应选择实木板方材料，板方材料的强度（硬度）选择应以具体的模型而定，造型风格以直线平面为主的形态，应选择强度高的材料，易于表现挺直的效果；曲线丰富的实物造型风格，则选择强度低的材料以方便切削和打磨。选择的木制材料强度过高，则加工困难；强度过低则表面处理效果不佳。所选择的木材在加工成形前必须进行干燥处理，以防收缩、裂纹和变形。在通常情况下，应选用质地柔韧而结实、纹理细致、不易变形、易加工的木材来制作模型，效果较好。

制作较大的模型时，选材要以设计的具体效果为准。一般来说，直方而平整的造型部位宜选择人造夹板等；曲线丰富的图形部位宜选择人造密度板，可以叠加刨削成形；而细小部位，特别是需要精细表面的部位，则选择实木板方材料作精细加工。双曲面或多向曲面造型特征的形态，应选择人造密度板，可以叠加刨削成形。合理选择用于材料连接的钉、胶等材料，以保证模型加工连接的制作需要。

（2）绘制模型加工放样图。这是保证模型制作符合设计效果与要求的关键。比较好的放样方法是三视图放样、内部固定支撑结构放样和局部细节放样。放样图用于保证模型制作的尺寸与比例。

（3）裁料。根据模型加工放样图合理下料，为下一步模型拼装、组合与精细加工做准备。该步骤应注意裁料时应留有余量，以免后期刨削时尺寸缩小而不符合放样图的尺寸规范。要根据模型制作的先后次序进行裁料，如内部的支撑结构要先裁并制作。

（4）裁锯型材初加工。裁锯下来的木材表面粗糙，需要进一步刨削加工，使木料尺寸和形状更准确，表面更平整、光洁。如果模型的结合方式是榫孔结构，那么还须在构件上用凿类工具开出榫孔。应注意榫孔与榫头结构要合理，结合要密实牢固。

（5）连接组合与修整。把裁锯初加工的型材与各个部件进行安装，安装模型已初具效果。此时模型还可能存在加工方面的缺陷，需要进一步修整表面、转角和离缝。连接组合的方法有榫结合、胶结合和钉结合等。榫结合是把加工好的榫头插入榫孔的一种结合方式，榫结合的形式有多种，需要根据加工模型的形式而定。胶结合工序简单，一般是用木胶涂抹在需要胶合的两面。胶合时先用铁钉固定，待胶干连接牢固后再拔除铁钉即可，连接的模型外形一般比较美观。一般而言，胶结合面相对比例越大，越是平整、光洁、干净、结合牢固，效果也越好。常用的胶粘剂是乳胶与强力胶。

（6）木材模型的涂饰。木材涂饰的主要目的，是使所制作的模型类似真实景物的色彩，其次是为了保护和美化木材。前者主要是用有色漆涂饰处理，后者主要是用清漆或透明树脂漆涂饰处理，其目的是为了保持木材的天然纹理和色泽效果。

木材模型涂饰的工序是：

　　模型表层刮灰底后打磨平整；

　　涂底漆后打磨；

　　涂面漆，每涂一遍漆需打磨一次；

　　喷涂清漆罩光即可；

　　如果需要高度光洁的表面，可以对表面进行抛光打蜡。

在涂饰的过程中，如果不同部位的色彩不同，需要分先后进行涂饰。涂饰的方法是待前一遍漆干透后，把不同颜色的部件拆下分开涂饰另一种颜色。如果是不能分开的部件，可用宽边胶带贴挡分界再涂饰。胶带贴挡的目的是避免漆色混合而影响装饰的美观效果。

（7）调整完善。待模型表层的涂饰材料干燥后，需要把分开涂饰的部件重新装合。由于涂饰的漆液流淌，部件安装的接合处有漆液而使安装效果不佳，此时只需用铲刀修整安装即可。

5.3.9.3　石膏模型加工成形工艺

在模型成形技术中，石膏模型的成形技法是一种加工便捷而又经济实惠的成形技术。在成形过程中可根据不同的产品形态特点，选用不同的加工方法。下面就一些在设计的模型制作过程中用到的石膏成形技法作一些介绍。

石膏模型成形有雕刻成形、旋转成形、翻制成形等方法。

A　雕刻成形

首先按照模型外观形状做一个大于模型尺寸的坯模，将石膏调制成浆后注成坯模块，待发热凝固后即可用于雕刻加工（图5-4）。

图 5-4　坯模块

B　旋转成形

按做坯模的方法在转轮上浇注石膏坯料，旋削时手持模板或刀具依靠托架进行回旋以刮削成形（图5-5）。在旋制子型时，不能只注意工艺技术而忽略造型的艺术处理。无论是临摹造型作业，还是造型设计练习，在旋制子型作业操作时，特别要注意体现造型的精神特点，准确地把握造型的线型变化和比例关系。对于精致的细部处理，更不能放松要求，不能只求大体差不多，应该严格要求，做到一丝不苟。操作是按六步完成：

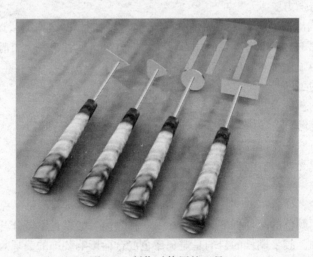

图 5-5　制作时使用的刀具

（1）根据所浇注的石膏柱体的容量，估计出所需要水的分量。把水先倒入铁桶中，然后根据石膏与水的比例，把石膏粉称出来，一层层撒入铁桶中，待石膏粉逐渐沉入水中之后，再进行搅拌，使水和石膏混合均匀。搅拌的时间为 2~3 分钟。浇注石膏柱体用的水和石膏的比例一般为 1∶1.2，根据石膏性能和要求不同，也可以适当调整这个比例。关键是要求调出的石膏浆有比较好的流动性，以便排出气泡，使旋制的子型表面光洁，同时还要使石膏凝固后保持一定的强度，便于翻制工作模和保存。石膏与水一经搅拌之后，就不宜再加入石膏粉，否则会出现硬块，影响旋制子型。如果发现石膏浆过稠时，可以加入一定分量的水，再行搅拌，但动作一定要快（图5-6）。

（2）在机轮上浇注石膏体。先将涤纶片卷成圆筒。根据所要旋制的造型尺寸留出一定的余地。直径比所要旋制的造型的最大直径大出 30～40mm，然后用铁夹和线绳固定。依据轮盘上的同心圆周线，将围筒放正。调少量较稠的石膏浆，把围筒底部浇注固定，防止在浇注石膏柱体时出现漏浆的现象（图5-7）。

图 5-6　调制石膏

图 5-7　固定围筒底部

（3）把搅拌好的石膏浆倒入围筒内，动作也要迅速，之后要赶快用木棒轻轻搅动，或慢慢晃动轮盘，使石膏浆内的气泡排出来（图5-8）。

（4）石膏浆凝固后，即可把围筒打开取下。趁石膏柱体尚未完全硬结时，把柱体旋正、旋直。旋制的方法是先把石膏柱体的顶部旋平，然后在顶部画出最大直径的尺寸，再留出 4～5mm 的余地，旋出石膏柱体，柱体的两侧轮廓线要垂直。然后再从顶部向下，量出造型的高度，把有明确转折的部位和最大直径的部位以及顶部的口径，都用变色铅笔画出来，根据这几个比较突出的部位进行旋制（图5-9）。

图 5-8　将石膏浆倒入围筒内

图 5-9　将围筒取走

（5）先旋出造型的大轮廓，还要注意留有余地，以便调整比例关系，逐步加工修整。在形体粗型旋制得比较符合要求之后，再按所要求的尺寸严格地仔细调整比例关系。

（6）旋制细部或转折的关键部位，要精力集中，运刀一定要稳、要轻。造型的过渡变化要求流畅、挺拔，不能有凹凸不平和不连贯的现象。当出现不流畅的现象时，要认真地观察造型的轮廓线，把凸起的不必要部分轻轻的旋下去，在凹下去的部分要使刀悬起来，不能随着凹凸变化走刀。最后使整体流畅地连接起来。常常会遇到这样的情况，在旋制子型时，有些细小的起伏，只靠眼睛观察看不出来，或是看不准确，就需要顺着形体的翻转用手摸下去，把感觉到的凹凸部分记住，再用修刀进行修整。使用修刀的方法是两臂放在支架的横梁上，右手握修刀，左手扶住右手或修刀头，使其更稳定有力。运刀要按着造型变化走，不能随着已旋好的形体表面走。这样由上至下，反复几次之后，子型即可达到要求。

C　翻制成形

用石膏翻制模型是保留模型某阶段形态的有效手段，这就涉及模型的复制技术。复制一件模型涉及两个部分：模具的制作与母体的复制。

纵观原型塑造的全过程，可以体会到蕴涵在模型制作过程中的设计因素，不仅仅是在进行产品形态的塑造，也是对产品的结构设计进行思考和产品模具的制造工艺进行探索。模具既是一种制作模型的模范与规矩，也是一种样板，一种标准。模具实际上反映了所要复制的模型应该遵循形体变化规律和形态所要到达的标准。学习模具的翻制，最终目的就是要再造母体。

要再造母体，就必须在泥模的母体之上产生模具。依据母体泥胚制作出阴性的模具来，然后再根据阴性模具复制母体。

一旦母体泥胚的原型塑造完成之后，选择分型面，分离模型的步骤与方案已酝酿成熟，即可进行模具的制作工作，其步骤和方法如下。将模型需按制品的形状确定分模数量。一般有整体模（一件模）、两件模、三件模等，翻模件数的多少反映了翻制工艺的繁简。通常翻制模型以采用两件模为多。

由于模型的结构和形状各异，所以分模线不一定为直线。确定分模线时，应沿模型的最高点或最宽点插布分模片，并尽量考虑两个模件能以相向的方向开模为宜。

对于模型中的附加部位形态，可采用相应的方法采取分别加工、翻制后再粘接成形的方法。

5.3.9.4　黏土模型加工成形工艺

在对以黏土为主要材料的模型制作过程中，常要采用对材料进行雕塑的方法，并配备一定的模板工具和量具进行整形，以最终达到对形态的塑造和把握。

A　雕与塑的区别

通常所说的雕塑，无论作为造型形式还是技法手段，都是一个综合的概念。作为立体造型的一种方式，有雕与塑之别。而作为技艺手段，也有两种基本方法：一是"雕"，或称"雕刻"；二是"塑"，即通常所说的"塑造"。

由于习惯上的影响，有时往往不加区别地把"雕"同"塑"混淆起来。两者虽然都是对立体形象的表现形式和制作技法，但是运用技法和材料的性质是大不相同的。

"雕"或"雕刻"，主要是指在非塑性的坚硬固体材料上，借助具有锋利的刃口的金属工具进行雕、凿、镂、刻，去除多余的材料，以求得所需要的立体对象。如石雕、木雕、牙雕、砖刻等。其中"雕"同"刻"也小有差异："雕"一般是对较大面积材料的切除，常指对整体性立体对象的雕制；而"刻"则多指对表层或浅层小面积材料的剔除，如扁体性的石刻、木刻等。但无论是"雕"还是"刻"，都是由大到小，由外向里，把材料逐步减去而求得的造型。

"塑"就不同了。"塑"的主要特点，是利用柔韧的可塑性材料易于塑造变形的性质，主要通过手和工具的直接操作，从无到有，从小到大，由里向外来完成对形体的塑造。用可塑性材料逐层添加的方法把立体对象的形体垒积构筑起来。可见，雕塑中"雕"与"塑"本质的不同是由材料本身的不同性质所决定的。在一般情况下，对于"雕"与"塑"的概念在习惯上的某种笼统理解，大可不必追究。但问题涉及特定的技巧方法时，应能明确地把握它们之间特定的内容、含义以及差别。

将"雕"与"塑"在此加以区别，主要目的是在对下面内容的叙述中便于了解塑造的技法、特点及其有关规律。

B 黏土模型材料加工步骤

a 初形塑造加工

在初形几何体轮廓大致塑造出来，并认定不需大改动时，再进一步着手局部细小地方的加工塑造。以主体面、线为基础的重点关系的处理，如对称关系、转折关系、结构细部关系、比例协调关系的处理，使第一阶段塑造的初形由不太明朗的形象，逐渐过渡到明朗起来，有利于下一步塑造工作进行。

黏土材料在塑造加工过程中，为了防止龟裂，可以在中间面布置一些麻绒或纤维丝。但是要留出适当厚度，以供加工余量用，不然会影响表面加工，给塑造时带来不必要的麻烦。塑造加工圆形体，有设备的单位，采用旋转成形机加工，将会取得较好效果。如没有设备，自做简单的转盘，也能收到一定效果。

b 总体调整与局部加工

经上述阶段加工塑造后，不能孤立地过多看待细部刻画，而应该把观察重点放到总体布置上，这可以避免局部影响总体效果。使我们能够比较准确地从各个方向，去观察分析存在的问题，再去比较局部与总体之间的协调关系，做局部极细微的修正。这样加工塑造出来的形体，具有整体感和完美性。总之，塑黏土模型多为初型（粗模），或是用于翻模用的"原型胎模"。如果是要做出正规的产品模型，在塑造上更应仔细处理。

c 黏土模型表面加工

黏土模型塑造后，如是草模（初模）和概略模型，就不必进行细致的表面加工，但制作级别高的结构或功能产品模型时，就需要做认真的表面加工，仔细的修补。在塑造模型干透后的修补，应先将要修补部分湿润后方能进行。完工后清除型体表面污物，并打磨刷去灰尘，涂刷虫胶漆或树脂胶溶液2~3遍，置于通风处慢慢干燥。如果放到烘烤箱烘烤，温度不能太高，过高过急会产生龟裂，最好是放到阴凉通风处吹干，然后进行刷涂或喷涂油漆并进行装饰。假如黏土模型是为翻制石膏模型用的胎模，在塑造完后涂刷隔离层溶液，即脱模剂，以虫胶漆、肥皂溶液、凡士林等刷涂2~3遍后可供翻模。注意不能涂刷过多，刷多了的溶液要用笔吸出，不然会影响细部轮廓的翻模效果。

5.3.9.5 油泥模型加工成形工艺

油泥材料加工技法案例见图5-10。

5.3.9.6 塑料模型加工成形工艺

A 塑料机械加工

塑料机械加工包括锯、切、车、铣、磨、刨、钻、喷砂、抛光、螺纹加工等。

塑料的机械加工与金属材料的切削加工大致相同，仍可沿用金属材料加工的一套切削工具和设备。但加工时应注意到：塑料的导热性很差，加工中散热不良，一旦温度过高易造成软化发黏以致分解烧焦；制件的回弹性大，易变形，加工表面较粗糙，尺寸误差大；加工有方向性的层状塑料制件时易开裂、分层、起毛或崩落。

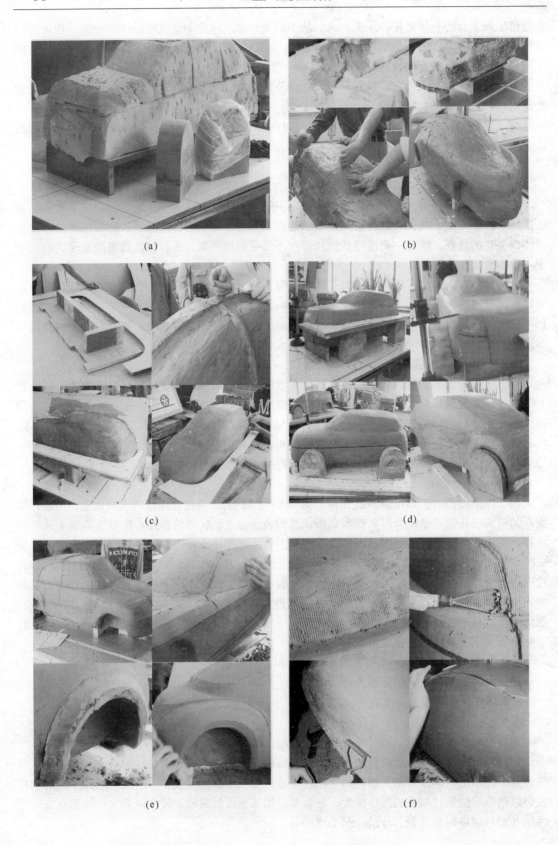

(a)

(b)

(c)

(d)

(e)

(f)

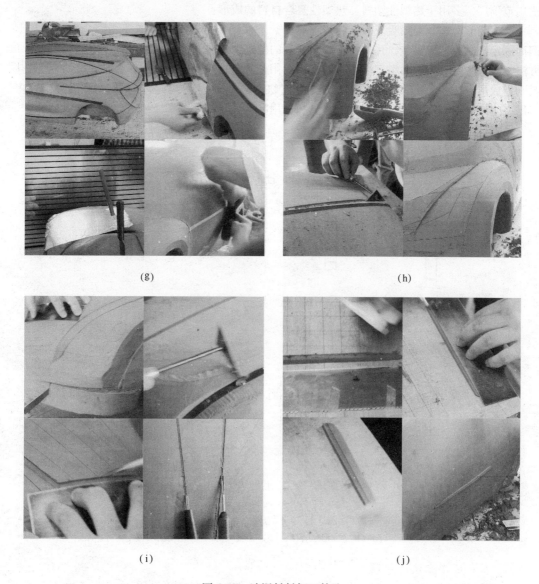

图 5-10 油泥材料加工技法

（a）根据胶带图，将聚氨酯发泡材料削切、粘合，制作模芯。并准备制作车轮部分的挡板；（b）在模芯外面
均匀涂上油泥，第一层覆盖在聚氨酯发泡材料表面的油泥很关键，必须紧贴模芯表面，否则容易脱落；
（c）制作卡板验证轮廓线，油泥不足的地方及时补泥；（d）借助卡板、水平规等工具修正大型，
多减少补；（e）加工车轮、车窗等部分形态；（f）用平刮刀刮大面时，先用刮刀的锯齿面
将表面突起的油泥刮除；局部凹陷处补泥。再用割刀修去锯齿痕；最后是用平刮刀
配合挂板将油泥表面修平；（g）借助胶带和贴纸加工曲面；（h）用三角刀加工
转折面的小面积曲面；（i）模型细部线型加工，借助胶带刮出
小的转折面；（j）小配件的加工

B 塑料热成形

将塑料板材（或管材、棒材）加热软化进行成形的方法。根据所使用的模具，可分为无模
成形、阳模成形、阴模成形和对模成形。主要成形方法有真空成形和模压热成形。热成形方法

适用范围广，多用于热塑性塑料、热塑性复合材料的成形。

　　真空成形又称真空抽吸成形，是将加热的热塑性塑料薄片或薄板置于带有小孔的模具上，四周固定密封后抽取真空，片材被吸附在模具的模壁上而成形，脱模后即得制品。真空成形的方法较多，主要分为两大类：贴合在阳模上的阳模真空成形（图 5-11a）和贴合在阴模上的阴模真空成形（图 5-11b）。真空成形的成形速度快，模具简单，操作容易，但制品后加工较多，多用来生产电器外壳、装饰材料、艺术品和日用品等。

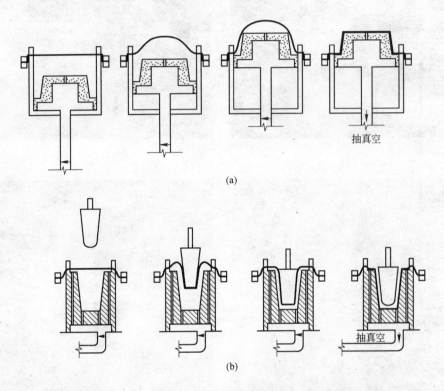

图 5-11　真空成形示意图
（a）气胀阳模真空成形示意图；（b）柱塞辅助阴模真空成形示意图

　　C　塑料成形方法
　　一般塑料的加工成形工艺比较简单，方法也较多。在 400℃ 以下，可采用注射、挤压、模压、浇注、缠绕、烧结成形，也可用沸腾床等离子喷涂方法，将塑料覆盖在金属（或非金属）基础上，或在塑料表面上镀金属，从而得到既有塑料材质优点，又有金属特性的制品。

　　由于塑胶型材具有热塑性特点，经加热后，可以塑造出多种形体和零部件，如曲面、弧面、角度、凹凸面等形状。进行上述工作时，较麻烦的是要先做出一定形状的母模具，而后采用加热升温，其软化温度达到 140～180℃ 范围，再迅速放入母模具内加压冷却定型。加温的设备，主要有恒温炉、烘烤箱、红外线灯、喷灯热风枪。对加热加压成形后的部件，再进行细加工。用砂轮机砂磨削毛边，或手工锉削、钻孔等局部加工，以达到规定的尺寸要求。

　　如果型材不需要加温形变，可按设计图纸尺寸加工画线，然后用锯切割下料，以手工先粗略加工，再精细加工成形后，直接粘制成形。也可叠粘成块材后进行车、铣、刨、钻、锉及粘接等机械加工，再经过各种连接组合为一体。连接采用粘接、螺丝连接、铆接等，其中以粘接效果为最佳。

D 表面处理

塑料表面处理包括镀饰、涂饰、印刷、烫印、压花、彩饰等。

（1）涂饰。塑料零件涂饰的目的，主要是防止塑料制品老化，提高制品耐化学药品与耐溶剂的能力，以及装饰着色，获得不同表面肌理等。

（2）镀饰。塑料零件表面镀覆金属，是塑料二次加工的重要工艺之一。它能改善塑料零件的表面性能，达到防护、装饰和美化的目的。例如，使塑料零件具有导电性，提高制品的表面硬度和耐磨性，提高防老化、防潮、防溶剂侵蚀的性能，并使制品具有金属光泽。因此，塑料金属化或塑料镀覆金属，是当前扩大塑料制品应用范围的重要加工方法之一。

（3）烫印。利用刻有图案或文字的热模，在一定的压力下，将烫印材料上的彩色锡箔转移到塑料制品表面上，从而获得精美的图案和文字。

5.3.9.7 玻璃模型加工成形工艺

A 翻制胎模

在产品泥模型塑造成形后，在泥模型表面涂刷1~2遍脱模剂，形成隔离层，浇注石膏浆，凝固脱模后，得到翻制树脂模型的母模模具（阴模），又称胎模。

B 调制树脂

将一定量的树脂倒入调制容器内（容器最好选择塑料制品），先加入一定量的催化剂，慢慢地搅拌均匀、备用。使用时再加入一定量的固化剂，均匀搅拌后即可使用。应该注意的是：树脂加入催化剂和固化剂后在短时间内会迅速发热凝固，所以应随调随用。

C 刷裱玻璃纤维

在刷裱树脂之前，应该对模具进行再次检查，清除杂物，然后在模具上刷涂2~3遍的脱模剂（可选用医用凡士林作为脱模剂或工业用石蜡）。

将调制好的树脂，用毛刷往胎模表面涂刷1~2遍后，就可以往胎模上刷裱玻璃纤维布，然后再往玻璃纤维布上刷涂1~2遍树脂溶液，再往上刷裱玻璃纤维布，多次反复，直到所需要的厚度为止。其厚度应根据模型的体量需要来确定，一般情况下为2~3mm左右。模型越大，所需厚度就越厚。

D 脱模修整

当模型刷裱操作完成之后，应放在通风干燥处，让其自行固化，约24小时后，脱去石膏胎模，便可得到完整的玻璃钢模型。

玻璃钢模型成形后应仔细地清理模型表面的石膏残渣，用工具修整边角、连接处和模缝的部分，用不同的工具，进行打磨，抛光表面，以备后续进行模型表面的涂饰。

树脂模型的修补，应采用树脂与填充料如滑石粉混合而成作为腻子来填补气孔、小裂缝、小凹坑，修补平面、接缝。

利用树脂的材料属性，可以制作出强度高、韧性好、重量轻、表面光洁的模型，尤其对于体量较大、体态变化大的产品模型制作，树脂材料无疑是良好的材料。

5.3.9.8 金属模型加工成形工艺

金属材料的加工，大致可分为利用可塑性的塑性加工如锻造、延展等，利用溶解性的铸造，以及焊接。金属材料通常制成线、棒、条、管、板、原坯等形状。金属造型是以这些东西作为材料的，由于金属材料的形状及加工方法的差异，会对造型产生很大的影响。因此，下面基于不同金属材料的形状、特性和加工技术，介绍金属造型的特征。

A 金属线的造型

使用金属细线作为造型或设计的主要材料的例子，通常会借鉴纤维艺术领域里无机性金属编织或缠绕等纺织技法，创造成柔软、有机性的风格。不过，这种柔软的感觉与纱线或布料不同，具有金属线的弹性及光泽。

B 金属管的造型

图5-12是埃格将金属管弯曲制成的造型，其特色是采用连续转折的金属管以及其投影关系，形成长短、高低平衡的集束式的造型作为主要的形态要素。从图5-13我们看到，两组交叉的球门形钢管造型形成了一种秩序、节奏、运动、错位的效果。从管空隙里射进来的光线变化，产生美丽崇高的感受。任何人站在这样作品前，都会有仿佛西贝柳斯的音乐被凝结在这里的感觉。虽然说是弯管编织造型，但实际上是弯曲的管焊接而成，形成复杂的编织效果。不过，从造型角度看，可以看作是弯管造型。该作品使用的金属管像线材那样自由弯曲，但是材料的粗壮感觉及结构的单纯性，却赋予造型以强有力和明快的感觉。

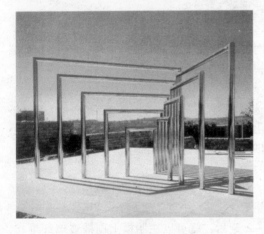

图5-12　金属管弯曲造型

图5-13　金属管弯曲编织造型

C 金属板的造型

使用金属板作材料的造型，因为能够采用与纸类造型相同的切割、弯曲、折叠、扭转、粘接等技法，因此两者的造型风格颇为相似。

a 面的造型

图5-14中介绍的作品，是将金属板弯曲、组合而成的，是具有面的性质的作品。将铁板切、折、组合而成的，乍看好像是纸作品。不过，用在作品上的金属的光泽及用来连接的铁管，却起到表现钢铁强劲力的效果。

图5-15中介绍的作品，是将金属板雕刻成形后组合而成的。通过金属着色处理，形成了色彩与光泽的对比。

b 层积造型

从立体是面的积累这一点看，面板的层积便可形成立体。

在金属造型领域中，层积是把金属板边错开、边叠成曲面的操作方法。把颜色各异的金属层层叠加起成为条纹层积，这时所形成台阶和间隙所造成的阴影节奏，会给造型以独特的风格。层次非常细致的作品，可以形成微妙反射变化的光滑曲面。拜尔的作品则与此相反，强调错落台阶的动态节律感。

D 锻造造型

图 5-14　金属板造型　　　　　　　　图 5-15　金属板雕刻造型

　　锻造是利用金属的延展性和塑性变形，捶打成形的一种金属工艺（图 5-16）。这里将冲压加工和旋压加工等机械加工技术也包含在内。"弯曲、折曲"的挤压成形方法只能形成单曲面，而锻造加工则能形成随意的多曲面造型。金属加工技术包括冲压、锻造、连接等，其中冲压加工方法制成的曲面，是外压与内压保持均衡的张力，成为锻造造型的最大特色。

图 5-16　金属锻造造型

　　锻造是将金属块材或棒材用铁捶敲打、延展、弯曲的造型加工方法。经过锻打的金属造型强劲有力。

　　锻造浮雕的制作方法，是将薄板放在模型上用木捶敲打，将造型或表面纹理复制到薄板上。这也可以说是一种立体拓印技术。将金属板放在木制底模或岩石等自然肌理上，震动、捶压、拓印而成的作品。这种将物体造型转换为金属形体的做法，给人以异样的感觉。手工锻造制作的造型，通常会残留捶击的痕迹。通常是将铁板锻造加工后，磨掉敲击的痕迹并抛光电镀处理，形成水滴般光滑而有张力的曲面。虽然机械加工较难制作出如手工制作的复杂造型，但仍能做出有内压力及张力的曲面造型。

　　E　铸造造型

　　铸造是利用金属在高温下熔化的性质，将高温熔化的金属液体倒入用其他材料制成的原型所翻制的铸模或特制的铸模内的一种成形技术。在雕塑领域里，青铜雕塑是最普遍的造型物，但是从黏土造型开始到抛光的过程中，其操作是多种多样的。在制作无法弯曲或锻造的有机性复杂立体时，铸造便是最能发挥其价值的加工方法，能显现出曲面的柔美感和质感。

利用蜡模铸造是直接用蜡制成原型，把蜡模嵌入其中，再用铸模包住后加热脱蜡，然后把熔化的金属灌入所形成的空间中，便可成形。图 5-17 采用这种铸造技术能够忠实地重现凹凸的复杂形体和细部。手工制作蜡质造型时，柔软粗放的品味经过铸造后仍能保留原有的质感。

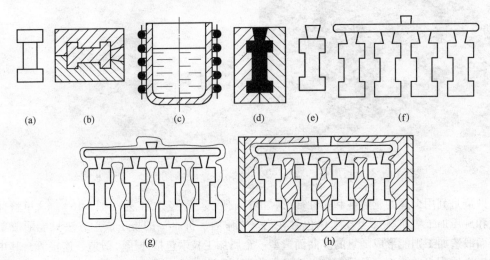

(a)　　　(b)　　　(c)　　　(d)　　　(e)　　　　(f)

(g)　　　　　　　　　　(h)

图 5-17　失蜡铸造示意图

（a）母模；（b）压型；（c）溶蜡；（d）制造蜡模；（e）蜡模；（f）蜡模组；（g）制壳脱蜡；（h）造型浇注

砂型铸造俗称翻砂，是用砂粒制造铸型进行铸造的方法。图 5-18 为砂型铸造的基本工艺过程，主要工序有制造铸模、制造砂铸型（即砂型）、浇注金属液、落砂和清理等。

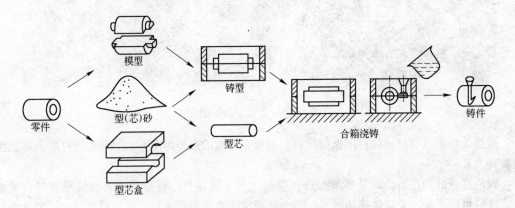

零件　　　模型　　　型（芯）砂　　　铸型　　　型芯　　　型芯盒　　　合箱浇铸　　　铸件

图 5-18　砂型铸造的基本工艺过程

砂型铸造适应性强，几乎不受铸件形状、尺寸、重量及所用金属种类的限制，工艺设备简单，成本低，在首饰饰品模型制作中广泛使用。

6 工业产品造型的创新设计

6.1 工业设计与产品创新

"创新"是推动社会进步最有效的力量，产品创新是企业生存和发展的关键。应该说，实施企业的产品创新是一个综合性的系统工程，离不开企业各部门的整体运作。工业设计是实现产品创新的一个环节，也是最为重要的环节，尤其是对当今的中国企业来说，推进工业设计对实现产品创新，增加企业的核心竞争力，应对入世后国际化的激烈市场竞争，有着极为重要的意义。

6.1.1 产品创新、技术创新与设计创新

6.1.1.1 设计创新在企业中具有越来越重要的作用

产品创新是指运用科学研究、技术发展等一系列手段来开发新产品，使新产品更符合用户的需求，能为企业带来更好的商业利益和更好的社会效益。产品创新包含了技术创新与设计创新两层含义，高层次的技术创新具有发明的性质，技术创新的低层次则如产品零部件的改良、生产工艺流程的改变、依靠技术降低成本的做法等。传统的产品创新主要是技术创新，即企业的新产品开发是围绕着"技术研发"或"技术改良"而进行的。现代社会，社会需求发生了巨大的转变，经济模式也发生了巨大的转变，这些转变使得靠单一技术创新的产品创新模式已无法适应经济发展的需要，必须重视以用户需求为导向的设计创新模式。

6.1.1.2 设计创新对技术创新具有导向作用

设计创新与技术创新最大的不同点是研究的对象不同，技术创新研究的是物与物的关系，目的是为了优化产品的物质效用功能，例如为了使电视机的图像更清晰，就必须进行显像技术、信号接收技术等一系列的技术革新，技术创新是产品创新过程中重要的、不可缺少的层面。设计创新研究的是物与人的关系。同样以电视机为例，康佳集团在所有电视机厂家都向大屏幕电视发展的时候，却推出了小屏幕电视——康佳小画仙电视机，因为，儿童、年轻的单身群体等有这样的需求，他们需要这种小型的、外观时尚的电视。这就是一个典型的从用户需求出发进行设计创新的例子。

设计创新对技术创新具有导向作用，技术只有通过设计才能转化成商品，才能体现出技术为人服务的最大价值。例如，对讲机是一直应用于野外勘探、警务工作等专业领域的一种产品，MOTOROLA 公司通过对用户的研究，发现了对讲机在普通民用领域具有较大的市场潜力，开发了 TALK-ABOUT 民用对讲机系列产品（图6-1）。对

图6-1　MOTOROLA TALK-ABOUT 系列对讲机

于这种民用对讲机而言，通话距离、通话清晰度等技术指标比专业产品要低，但在设计方面则更为高端。它的外观设计必须时尚美观，这样才能受到喜欢户外生活的年轻人的青睐；机身体积轻便，易于携带，而不像专业产品那样笨重；产品界面更人性化，操作简单易学。TALK-A-BOUT 产品的市场成功是因为拥有高水准的设计，这是一个典型的技术通过设计转化成商品的例子，显示出设计对技术的引导作用。

6.1.2　工业设计是实现设计创新的重要手段

6.1.2.1　现代经济的发展特点使工业设计在企业中的地位越来越重要

工业设计是以满足人的多种需求为目标的技术人性化的创造活动，它从系统论的观点去观察人类的生活与行为，把握人们的需求和价值观，将科技成果与人的需求结合起来，为企业创造有商业价值的产品。工业设计理论最初是以解决批量生产的工业产品的美学问题而建立的。一个世纪过去了，工业社会已发展成为今天的后工业社会，工业设计也随着经济发展有了新的内容，体系也更加成熟和完善，把用户需求和技术因素巧妙地结合起来，使产品创新围绕着用户的需求展开，恰当地解决了产品中"人的因素"，而不是围绕"物的因素"展开。在20世纪初，大批量的机械化生产刚刚开始，企业产品中的应用技术还很不完善，生产制造产品的技术装备、工艺流程等都急需改进。在这个阶段，企业进行产品创新的手段只能紧紧围绕技术创新来进行，以实现技术功能的最大效率化，企业所关心的问题是如何提高产品质量、降低成本和扩大生产规模等和技术相关的问题。而在今天，企业要实现技术创新，可以有多种途径，既可以走自主研发的途径，也可以向其他公司购买技术。因为高技术扩散的时间大大缩短，许多研发高技术的专业公司，把技术作为商品向其他企业出售，企业只要拥有资本和市场就不愁没有技术。在这样的背景下，企业的工作重心也发生了重大转变，企业把更多的资源投入以研究人、研究用户需求为中心的设计创新上来，工业设计成了企业的核心工作之一。

6.1.2.2　"以用户的需求为中心"是工业设计的核心理念

在对需求的研究方面，工业设计师考虑的是社会中各种人群的具体需求。例如，要研究某一目标人群，工业设计师会去研究他们喜欢听的音乐、喜欢看的杂志、喜欢的娱乐方式等方方面面，以至于他们的着装特点、他们的发型、喜爱的装饰品等一系列非常具体的问题，将这些研究结果做视觉化的表现。在市场学中，需求常常表现为一系列的数字和图表，而工业设计对需求的了解则更为具体、更为感性，因而工业设计的用户研究更加细致，深入到用户具体行为的观察与追踪，这是单纯的图表和数字所无法涵盖的内容。

工业设计对产品美学问题的关注是"以用户的需求为中心"的一个重要方面。随着社会文明程度的提高，产品的美观显得更为重要，因为在体验经济时代，重要的是用户的情感体验，"美"是人类永恒的情感主题，"美"使产品具有更高的品质，能体现产品对用户更细微的关怀，还能反映出产品生产企业的文化品位。提高产品的美学品质，是工业设计学科出发的原点，也是一个永恒的立足点。越是经济发达的社会，产品的物效功能只是产品必备的基本条件，产品的文化层面才是更为重要的内容，用户体验的是产品中的文化因素、美学因素。

工业设计"以用户的需求为中心"的另一个方面是对人机工程学的应用。人机工程学的研究对象是个体的人的特点和需要，例如，产品的操作界面是否符合人使用的习惯，计算机的键盘是否会使人的手指感到疲劳，计算机显示器的角度调节是否符合人的视觉习惯。工业设计师运用人机工程学的知识，发现产品中存在的问题或者用户的新的需求点，运用设计手段解决这些问题，从而实现产品创新过程。经过工业设计师设计出的产品，必然有许多精心推敲的细节。这些精美的细节体现出产品对用户人性化的关怀，决定了产品最终的商业成功。

6.2 产品形态设计的创新策略

社会不断发展，产品形态设计便不断地与之相适应，当前信息社会的快速发展与变化使得产品形态设计的适应性更加突现。信息时代以计算机及相关信息技术的迅速发展和普及为重要特征，它们的发展直接带动了产品形态设计的创新。信息技术的应用极大地改变了产品形态设计的技术手段，也改变了产品形态设计的程序与方法，产品形态由此得到全方位的创新。与此相适应，设计师的观念和思维方式也有了很大的转变。这也从另一个方面促进了产品形态设计的创新。

6.2.1 "高技术化"创新策略

以信息技术为代表的高科技的发展，使产品形态设计的表现空间发生了变化。当前信息类高技术产品的设计已不再主要侧重于对实在的形态和物理的人之间关系的探索，而是侧重于人与虚拟物之间关系和现实中的物与虚拟物之间关系的研究，以及侧重于信息传达方式的设计和与之相适应的外在形态的表达。这个侧重点的变化，就是当前信息时代产品形态设计的"高技术化"创新策略所致。这些新的设计理念的变化必然在很大程度上促进了产品形态设计的"高技术化"。这种"高技术化"的产品形态不仅因为采用了多种高新技术而具有这些技术的痕迹，更是因为新的信息技术和生产工艺的综合应用而被赋予了全新的产品认知和形态表达方式。

6.2.2 "情感化"创新策略

以人为本是当代产品形态设计的一个趋势，即在产品形态设计中，更加注重人的情感。这种对人们情感关注的凸显，正是当前产品形态设计的"情感化"创新策略。"情感化"的产品形态设计包括关注人与产品之间及产品与环境之间的情感反应。

信息时代的产品形态设计的"情感化"正体现了信息社会自身的时代特色，它倡导产品形态的多样化、形象化和人性化，提供给人们广阔的欣赏空间。这样的产品形态能表达出人们的好奇心、强烈的自我主张并提供给人们多样化的选择和全新的视觉感受。如1999年LG产品设计大赛中的"E-Light"，使得人们在现有的台灯上借助网络技术实现了网络浏览。它将电子笔和笔筒的产品形态演变为花瓶和花束，使冰冷的科技感远离人们，以植物、鲜花、台灯等生活气息浓厚的形态为造型语言，辅以清新的色彩，将感性和期待加以深化，拉近了人们与科技的距离，使人备感亲切。

6.2.3 "个性化"创新策略

在信息社会这个物质丰富的消费时代，个性化需求正在凸显，模式化、统一化的产品形态注定不能与这个时代相适应，多品种、少批量的柔性生产方式由此产生。当今的时代，也被人们称为一个"体验经济"时代，"体验"成为时尚与个性的代言词，人们渴望使用代表自己品位的产品来点缀他们的生活，人们愿意体验各种不同特点的产品来表达他们的个性，人们强调产品的个性化和个人风格，提出了"生活环境个性化"的口号。消费者对那些具有创新设计思想并与他们想法有关的产品形态表现出强烈的认同感。这样一来，产品形态设计就不仅仅是设计师借助技术来发挥自己想像力的过程，它还是设计师通过与使用者不断对话，使设计的产品能更好地表达使用者愿望的过程。

信息时代的产品形态设计的又一策略，就是通过设计师与消费者的互动，使消费者更多地参与设计过程，从而使产品形态不断得到"个性化"创新。例如，人们要去汽车制造厂定制汽车，制造商会提供款式各异、色彩不同的汽车外观与内饰设计供挑选，消费者完全可以根据个人爱好而在产品制造之前进行选择甚至提出设计建议。目前，设计师正在研究产品柔性制造系统中的虚拟产品设计，就是让人们在购买产品之前，可以在家通过互联网直接参与自己所订购的产品设计（包括形态与功能）。这预示着消费者参与产品前期设计已在信息时代成为现实，产品形态的充分个性化已达到一定程度。

我们完全可以相信，用不了多久，人们就可以像现在随意改变电脑屏幕保护图案那样，也能够根据自己的想法或方式来定制产品，设计师也将在产品形态设计上为消费者的个性化需求提供更多的选择，人们的生活将更加丰富多彩。

6.3　工业产品设计的新观念

工业设计作为一门新兴的交叉学科，其设计思想、设计原则、设计规律、设计方法等方面必将随着社会的发展、科技的进步和社会文化的繁荣而发展和完善。例如，工业设计在接受社会学的影响和渗透后，在设计中必将更多地思考人与人、人与自然、人与社会等公共因素，社会学的新成果将在工业产品设计中得到更广泛的应用。再如，计算机技术的飞速发展使得工业设计技术实现新的变革，计算机辅助工业设计以及虚拟现实技术成为现代工业设计重要的表现手段。

在 20 世纪中叶，工业设计观念发生了很大的变革，这其中受到哲学的影响颇深。随着人类文明与科技的不断进步，设计思想经历了由低级向高级的变迁，人类到底应该以什么来作为工业设计的主导思想，是很多设计师乃至学者共同关注的话题。

6.3.1　设计思想的变迁

随着文明与科技的不断进步，人类设计思想经历了从简单到复杂、从低级到高级的变迁。在工业设计发展的不同时期，有着不同的设计思想，大致包括"以机器为本"、"以人为本"和"以自然为本"三种设计思想。

（1）"以机器为本"的设计思想源于追求无限财富、无限享受人生的价值观念，由此产生了以效率和利润为典型代表的价值观念。这种价值观念把人看作机器系统的一部分，或者把人看成是一种生产工具，并要求人去适应机器。劳动变成了被强迫的压榨行为，变成了少数人追求无限富裕的手段。在"以机器为本"的设计思想指导下，人变成了机器的奴隶，人类开始无限制地向自然界掠夺资源，贪婪地追求财富。

（2）针对"以机器为本"设计思想存在的问题，产生了"以人为本"、"人性化设计"的设计思想。以人为本就是在处理人和产品的关系时，应以人为中心，从人的需求出发，通过设计而满足人的生理和心理需求，并从局部的细微处理中体现设计对人的关爱。例如，芬兰Fiskars 的 0 系列剪刀（图 6-2），在剪刀的操作手柄的设计中能充分考虑到人手工作的解剖学因素，消除或减轻不合适的手柄给肌肉、骨骼带来的不协调感与伤害。与此同时，我们还要赋予产品以更多的审美内涵使之满足人们的心理需求。这样一来，产品就更加适应人的行为特点、知觉和动作特性，使机器为人服务而不是机器来控制人。可以看到，"以人为本"的设计思想与"以机器为本"设计思想相比，在人性化思考上是一大进步，它体现了对人的尊重和关爱，使人从机器的奴役下解

图 6-2　Fiskars 剪刀

放出来。然而"以人为本"的设计思想只能有限地改变"以机器为本"的设计思想所造成的负面作用，远不能从根本上解决后者引起的对自然的破坏。

（3）产业革命200多年以来，经济不断发展的历史，也就是自然资源不断减少、自然环境不断受到破坏的历史。面临地球日益恶化的环境，人类已经意识到，要改善自身生存的环境，必须通过生态的、可持续发展的设计观念和设计方法来实现。这种全新的设计方法就是"以自然为本"的生态设计方法。目前，生态设计已经成为全社会倡导的设计准则，其基本思想就是在整个产品生命周期的设计中，不仅要保证产品应有的功能、使用寿命、质量等因素，还要将产品的环境属性作为主要的设计目标。在处理人类与自然的关系时，要考虑到人类只是自然界的一部分，维护自然生态的循环是维护人类自身生存的前提，无限富裕和无限享受最终会造成不可逆转的恶果。人类必须从生态学世界观的视角重新规划人类的生活，在"以自然为本"的设计思想下对产品进行重新设计。倡导"以自然为本"的新的价值观，由人类企图统治自然的思想走向尊重自然，人与自然和谐发展的生态文化新时代。

与"以人为本"的设计思想相比，"以自然为本"的设计思想更系统、更全面，是对前者的突破与提升。但两者并不矛盾，而是相互影响、相互作用的。"以人为本"强调产品满足人的生理、心理和情感需求，即强调人的发展。"以自然为本"强调自然界（包括人）的整体发展。因为大自然本身有其发展的规律，人的活动应该在自然的背景下去完成。"以自然为本"和"以人为本"是相辅相成的。人类是自然中的一部分，同时也是自然界最活跃的元素。人类拥有劳动创造的本能，是认识自然和改造自然的主体。人类在自身基本需求达到满足的情况下才有可能提高认识，合理开发和利用自然、保护自然。与此同时，人的需求的满足应当符合自然规律。当达到一定程度后，就不可能无限制地消费下去，由此导致的对环境的影响可能使人类自身都无法生存。因此，"以自然为本"是"以人为本"发展的必然结果，两者的结合点在于促进人与自然的和谐持续发展，人和自然同处于主体地位，要同时满足对人类自身的呵护和对自然的尊重。

工业设计思想经历了从"以机器为本"到"以人为本"再到"以自然为本"的变迁，这种从简单到复杂、从低级到高级的变迁，体现了人类文明的不断进步，体现了人类对自然和自身的认识逐步走向成熟。

6.3.2 当代设计的新观念

6.3.2.1 生态设计

生态设计又称为"绿色设计"或"可持续设计"。20世纪中叶以后，世界日益面临严重的环境与生态问题，这已为人所共知。需要指出的是，人类文明进程陷入这一误区与工业设计不无关系，美国首先倡导的"商业性设计"在其中扮演了不光彩的角色。生态设计观念便是对这些问题进行深刻反省后所形成，并最终成为新世纪工业设计主导理念之一。它主要包含以下设计理念、方法或要求。

A 耐用设计与简朴设计

"耐用"、"简朴"等字面的含义看似不言自明，实际其中含有一些崭新的设计与消费观念。例如，耐用设计又称为长远设计或长寿命设计，明确要求摒弃流行式样和抵制市场压力，给用户提供产品长期维修的可能性。举例说，这种长远设计可以让原先单一功能的婴儿床能同时作为婴儿车使用，日后又可以方便地改换为幼儿床，延长其使用年限。简朴设计引导消费者不追求时尚、华丽的"高档"产品，减少产品繁复和不切实用的功能。更进一步，还倡导人们不再追求私人用品的占有量，而乐于使用公共设施和用品，等等。

B　低耗设计与节能设计

这里主要是指减少不可再生资源的消耗以及减少高能耗材料（如铝、水泥等）的用量。如使用可循环的再生材料，使用竹子、藤条、芦苇、麻纤维等速生植物原料，简化产品包装等。这些准则一般也同时符合环保性设计的要求。

C　环保性设计

环保性设计直接的目标有减少废弃物、促进资源的重复利用和再生利用。但更重要的是，环保性设计根本地更新了传统上关于"设计"的观念：设计不再仅仅是创造个体产品，而应是对人类生态系统的规划。在设计好用产品的同时，要全面考虑产品制造、使用和回收处理三大环节的生态效应。采用单纯的金属材料（不电镀、不覆盖涂层）、单一成分的热熔性塑料，都有利于材料的再生和循环多次使用。结构方面，减少一个产品中的材料品种，改焊接、胶结和密封整体式为可拆式、插接式，也有利于回收利用。开发利用太阳能等无污染能源的产品，开发诸如家庭多级用水装置之类的产品，也将成为工业设计的热点。

6.3.2.2　人性化设计

追求机器和产品的强大功能和高效率，在工业社会是理所当然的。但人们物质生活条件提高以后进行反思，就觉得当年的产品有一类通病是不能再继续容忍了：以产品（机器）为中心，忽视了人——操作者、使用者的主体地位。这里面既包括产品不适应人的解剖、生理特性，使用中考虑人的健康、安全不够；也包括不适应人的心理、精神要求，造成使用时的心理负担过重，单调乏味，人的尊严失落等。人性化设计或以人为中心设计，便是针对于此而展开的。

A　宜人性设计

使设计更符合人的解剖学、生理学、心理学要求，也就是人机（工程）学设计。由于客观现实的需要，20世纪下半叶以后，人机学在民用产品的设计中愈益受到重视。举例来说，"计算机使用紧张综合征"波及的人群越来越多，受伤害的部位从眼睛、颈项、肩胛、手腕、手指直到腰椎等，因此改善电脑显示屏、电脑桌椅、键盘、鼠标的人机性能意义重大。从交通工具、生产机械、社会设施、电动工具到家庭日用品的使用，怎样才能更加安全、便捷、高效、舒适？这为设计师和广大公众提供了永不枯竭的课题。

B　个性化设计

进入新世纪，人们的基本物质生活需求满足以后，精神需求自然凸显，表现之一是厌弃千篇一律、人人雷同的产品，通过追求个性化的生活用品来展现自己独特的性格、审美取向与艺术情趣（图6-3）。这就是个性化、情感化设计的由来，也是对人性化设计的进一步丰富。另外，现代制造技术也使小批量产品实现低成本化成为可能。在目前和今后一段个性化设计的"初始时期"内，使用者参与设计完成将是个性化产品较为主要的形式。这一势头正方兴未艾。实际上，拆装式产品还有便携、节约占地空间等优点。

图6-3　马可·扎奴索设计的椅子

C　认知性设计

机械时代产品的功能相对直观，易于认知。进入电子科技时代后，情况大有变化，最为突出、波及范围最广的问题是各种新型电子产品，功能迥异的产品全是大大小小的"方盒子"。一方面，人们不能从产品外形获知它是个什么东西，产生了陌生感、距离感和冷漠感；另一方面，无论要做什么事情，操控什么产品，全是按按钮、扳开关，产品的使用方法失去了与往昔生活经验、行为体会的联系，使人感到精神的失落。怎样赋予高科技产品良好的认知性和亲和力，让人们易于和产品沟通，是未来工业设计新鲜而重要的课题。

6.3.2.3　其他的设计潮流

A　本土化设计

随着经济全球化进程的加速，跨国公司的产品充斥在各种肤色的人群之中。传统文化、传统艺术、多样性的生活方式受到前所未有的冲击和挑战。关心文明走向的学者们不断发出警告，各民族保护本民族文化传统的意识也空前觉醒。因此，具有地域艺术特色、体现民族情怀、凸显传统生活方式的产品将受到青睐，成为今后工业设计的一个发展方向。

B　家族化设计

家族化设计是具有多种产品类型的大公司推行的设计新策略，又称为"集群化设计"或"设计形象"（简称 DI）。家族化设计强调通过线型塑造、细节雕琢、色调品位等元素的共性化处理，使本企业多种不同类型的产品不必借助商标标志就在视觉上形成家族化观感。这在一定程度上使单个产品的设计更加依赖于对其群体的设计。大企业产品类型多，大小体量相差悬殊，功能各异，使用环境也不相同，创造家族形象是不容易的。但这一设计策略已为众多跨国大公司认同并采纳实施（图6-4）。

图 6-4　iPod nano 系列播放器

6.3.3　"以人为本"的设计

6.3.3.1　"以人为本"提出的背景

20 世纪是工业设计飞速发展的时期，也是各种工业设计思想形成的重要时期。20 世纪 50

年代，西方各国出现了大量的水泥建筑和高层玻璃建筑，并以此作为"现代性"的象征标志。许多高层建筑内部空间狭小拥挤，有时多达数万人在一座高楼里工作，并不适合人的生活。60年代中期，西方在建筑和城市规划方面出现了争论，在美国形成了对现代建筑、心理和象征方面的批判，逐渐演进为后现代理论，认为把追求纯功能的理性作为大批量生产唯一目的的设计缺乏情感色彩。1965年，阿多诺斯在德国工业联盟作了名为"今天的功能主义"的报告，批评了把功能主义作为意识形态和指导思想的做法，并且指出，一种形式除了具有确定的用途外，还具有象征符号的作用。1968年，又有人提出不能再把功能主义看成至高无上的设计原理。由此，伴随着符号学的产生，西方国家在20世纪60年代末期提出了"以人为本"的设计思想，这是设计思想史中的一次重大变革。它针对功能主义设计思想的缺陷，提出工业设计不应当以机器功能为出发点，而应当以人的操作行为为出发点，以人对产品的理解为出发点，使用户通过外型理解电子产品的功能，产品应当自己会"说话"，告诉用户它有什么功能、怎么操作。这一设计思想针对功能主义的技术理性，强调文化的作用，强调用户的思维方式、行为习惯对产品设计的重要作用，跳出了"以机器为本"、"以技术为本"和"把用户数字化"的理念，不但对工业设计，而且对工程设计、计算机符号学等都产生了很大影响。20世纪90年代以后，由于心理学的行动理论和认识心理学的深入发展，"以人为本"的设计思想形成了比较全面的理论基础。

6.3.3.2 "以人为本"的先进性

由于"以人为本"是针对功能主义设计思想的缺陷而提出的，因此这一观念具有一定的先进性。我们知道，设计的目的是为了满足某种需求，根据美国人本主义心理学家马斯洛（AbrahamH. Maslow）在《超越性动机论》中所提出的人的五种不同水平的需求层次——生理需求、安全需求、归属需求、尊重的需求、自我实现的需求来看，功能主义所反映出的需求特征是较低层次的生理需求与安全需求，当这些需求被满足后，人们便会表现出较高层次的需求。使用者与操纵者要与人造物——产品和谐共存，感到身心愉悦并能够满足自己的审美和艺术需求。1988年日本索尼公司举办的"SONY—DESIGN—VISION"设计大赛中，Anlmon电视机获得了大奖。在这个作品中，设计师彻底改变了传统电视机的功能、造型原则和使用方法，把Anlmon设计成为一个可行走的听话的电视机器人，使用者通过遥控可使它招之即来，挥之即去，并能按人的意图调节屏幕角度与变换图像，使人们充分享受到了"使用趣味"和"使用快感"。

因此，"以人为本"这一思想的提出，一方面，使得人机关系更加协调，使工业设计品更加方便了人们的使用；另一方面，还满足了不同人群的需求，从而拓宽了设计的角度，丰富了产品的内容与形式，使得工业产品不再是"千人一面"，而让消费者有了更多的选择。

6.3.3.3 "以人为本"的局限性

"以人为本"这一设计思想的提出虽然对于现代工业设计的发展起到了一定的促进作用，具有进步性，但同时也具有一些局限性。

首先，"以人为本"限定了设计对象，从而缩小了设计对象的范围，限制了设计思维的发展。"人"成为工业产品设计唯一的服务对象，一切设计活动都要以人为中心才能展开。但事实上，在设计师涉及范围内，有一些设计产品的服务对象并不一定是人，因此也并不一定要"以人为本"。比如说，近年由于宠物热而出现的为宠物生产的各种宠物玩具、佩饰等。

其次，"以人为本"使得评价标准变得狭隘。简言之，"以人为本"就是一切以人为出发点，一切以人的需求作为最终目的，人的价值至上，人的权利至上。如此一来，除了人以外的任何评价因素都不再重要了。然而，20世纪70年代以来，人们开始意识到，高强度消耗自然资源的传统生产方式和过度消费已经使人类付出了沉重代价,因此应当提倡人与自然和谐的设计,保护环境、节约材料能源成为设计中需要考虑的重要因素。有人称之为"循环再生"设计,表示要为人类和自然的和谐共存方式而设计,建立一种可持续的设计思想,以促进人与自然的共同繁荣。因此,仅以人作为设计的最终目的就会带有人类的自私,最终会让人类品尝到自己所种下的恶果。

6.3.3.4 "以人为本"在工业设计中的合理定位

设计思想的发展可以代表某个时期生产力的先进性,这是因为社会生产力水平发展的高低决定了这一时期特殊的意识形态的形成,也可以是某一设计环节中的指导思想的形成。解决人机关系问题即为典型例子。

在不同时期、不同环境中,我们需要将处于"本位"的"人"的因素加以不同的分析。要关注个体的"人",还要关注群体的"人",要关注现代的"人",还要关注将来的"人"。设计对人的关注,首先应对文化与人的感知方式这些相对稳定的方面进行研究,然后才是个体的差异。这需要设计学科与其他人文学科相互结合做大量的基础性研究,以指导具体设计。

设计是一种文化,每一时期的设计文化必然将像其他文化一样被传承下去。优良的设计必将带给后人精神与物质上的财富,而拙劣的设计则会给后人带来精神上与物质上的损失,如环境的破坏、资源的浪费等。在工业设计中,"以人为本"必须建立在可持续发展这一大前提下,在关注到人本位的同时,与其他影响到设计的因素相互协调,从而使设计更加趋于合理。

6.3.4 人性化设计

产品设计是一项综合性的规划活动,是一门技术与艺术相结合的学科,同时受环境和社会形态、文化观念以及经济等多方面的制约和影响。当设计的产品在功能、外观、肌理、视觉、触觉、使用方式等方面使人感觉是一种"美"的体验或使产品具有了"人情味"时,我们称之为人性化设计。在科技日新月异的今天,市场上的各种产品琳琅满目,为了使产品得到社会的认可和接受,各厂商和设计师竟出高招,努力提高产品外观造型的提示性、趣味性、娱乐性及文化内涵等,即人性化设计。人性化设计与工业设计是相辅相成的,工业设计的发展在某种程度上能够促进人性化设计的发展,而人性化设计又能增强工业设计的内涵。目前我们所处的是设计多元化时期,设计手法不一,在风格上多种多样,而其中设计的"人性化"成为引人注目的亮点,并逐步形成一种不可逆转的潮流。

6.3.4.1 人性化设计的基本理念

人的本质并不是单个人所固有的抽象物,在其现实意义上,它是一切社会关系的总和。人属自然的一部分,其求得生存的本能是自然属性的根本体现。但我们不能把人看作是纯生物界的人。人有情感需要交流,要为生存而需要斗争和保护。人的这些需要可在人与人之间、人与群体组织之间得到满足和实现,于是社会性便成了人的共同本性。所以说,"人性是人的自然性和社会性的统一"。人性化设计是工业设计理论发展到成熟期以后而出现的一种新的设计哲学观。在工业设计中引入"人性化设计"这一概念,是为了在设计文化的范畴中提升人的价值,尊重人的自然属性和社会需要,满足人们日益增长的物质和文化的需求。人性化设计的实质就是在考虑设计问题时,以人为中心来展开设计思考。以人为中心不是片面地考虑个体的人,而是综合地考虑群体的人、社会的人,要考虑群体的局部与社会整体的结合,社会的发展与更为长远的人类生存环境整体的和谐与统一。因此,人性化设计应是站在人性的高度上来把握设计方向,以综合协调产品开发所涉及的深层次问题。

人性化设计是人类生存意义上一种最高设计追求,它体现了"以人为本"的设计核心,是运用美学与人机工程学的人与物的设计，展现的是一种人文精神，是人与产品、人与自然完美和谐的结合设计。人性化设计不是宜人设计、个性设计、功能设计、绿色设计等所能包含的，它不是设计的某一个侧面，而是更高层次的设计追求。这个层次包含的是人类生存环境、民族传统、人文特点、时代科技、道德规范、个性特色、宗教文化等因素的综合体现。

6.3.4.2　人性化设计的表现形式

设计师通过对设计形式和功能等方面的人性化因素的注入，赋予产品以人性化的品格，使产品具有情感、个性、情趣和生命。产品的人性化设计的表现形式有以下几种。

A　色彩

色彩是依附于产品形体的包装，色彩比形体对人更具有吸引力，色彩对人的感觉、情绪有特别显著的影响。产品造型的魅力、产品的性格以及所包含的视觉传达方面的各类信息，大半是由色彩来完成的。当产品作为商品在市场上流通并任人选购时，产品的色彩决定了产品是否能吸引人。产品色彩的功能表现是最能体现人性化的。色彩的功能主要是指色彩对人的视觉、心理和生理上的作用，以及在视觉信息传递上的一种表征能力和感情象征。产品色彩设计水准，能反映科学技术、物质文化和精神生活的面貌，以及创新时代的艺术特征，它对美化人们的生活、创造良好的人文环境和愉悦人的心身等方面有着极其重要的作用。因此，在色彩的运用中，特别是色调的选择上，既要体现新颖美观，符合时代的审美要求，又不能过分追求刺目艳丽，失去产品的功能特征。只有自然的和谐美，才能给人们愉快、生动、柔和的感受。

B　材质

材质是指材料的质地，材料的视觉肌理和触觉效果。不同的材质有着不同的美感和自身的情感特征。材料的质感和肌理能调动起人们在感知中视觉、触觉等知觉，以及其他感受的综合过程，直接地引起雄健、纤弱、坚韧、光明、灰涩等诸多心理形态。材料本身能表现出材质的美感，而自身的材质美能使人在观察中获得审美的愉悦。在产品设计中，材质的物理特性和潜在的表现性因素被引发为产品内在意蕴时，它们会更贴切地与设计主题和内容融合成一体，使产品具有更生动、更强烈的艺术魅力。现代产品艺术造型，已经鲜明地表现在追求情感目标，而情感的个人属性则导致现代产品艺术造型的人性化。在对不同材质情感目标的表现上，其实就是对材质的独特性、创造性的探索、以及对新形式、新手法、新效果的试验。同时产品的设计已经对材质美的追求所形成的新感受，突破了艺术表现方式的局限，扩大了艺术形式语言研究与表现，并使各具特性的材料语言在设计师（或艺术家）对产品（或艺术）人性化的追求下，更具有了独具魅力的个性特色，它为现代产品艺术造型增添了一道亮丽的色彩。如利用木、竹、藤、棉、麻等编制产生的产品（图6-5），具有温和朴素的质感，蕴藏着人造材料无法替代的心理价值。用这些材料制造的产品就很自然给人温暖柔和，真诚的亲近感，也体现了现代高科技与传统文化的人文关怀的共生。

图6-5　弗朗科·阿尔比尼
设计的椅子

C　形态

形态是产品最直接的造型语言，一般指事物在一定条件下的表现形式，如物体的形状和神态等。从设计角度看，形态是离不开一定物质形式的体现。产品形态既是外在的表现，同时也是内在结构的表现形式。产品形态是功能、材料、机构、构造要素所构成的"特有势态"，能给人一种整体视觉形式。形态的意义与作用在于能传达各种信息，解释设计意图和对产品的识别、操作、使用、环境、记忆的关系，既具有意指、表现与传达，又有驾驭人的心理需求的作用。然而，形态的人性化、情感化的表现，在于随着产品设计，强调满足人类生活方式和行为的追求，形态的表现已经从功能性的表现转向语意性的表现，从客观到主观、从技术到理论、从理性到人性、从世界性到地域性的形态表现倾向已成为不可回避的潮流。尤其是设计"以人为本"的核心，追求形态的人性化和情感化的表现力，越来越受到人们的青睐，符合时代的潮流。

6.3.4.3 人性化设计的影响因素

在从人性化设计出发进行产品开发设计时，应重点考虑需求因素、人机工程因素、美学因素、环境因素和文化因素等。针对这些因素进行创造性思考，是实施人性化设计策略的具体举措。

A 需求因素

产品设计的动机就是为了满足人们的物质或精神享受的各种需求，人的需求问题是设计动机的主要成分。一般而言，与设计关系最为密切的需求因素可归纳为三个方面：生理性需求、心理性需求、智性需求。对于生理性需求，最重要的观念就是借助产品功能来弥补人们无法实现或不方便完成的许多工作。这种为满足基本生理需求所作的设计，不外乎就是把设计看成是人类本身系统的延伸。电话是听觉能力的延伸，自行车是行走能力的扩展，电脑是人脑思维的延伸。这些产品都是为满足基本生理需求制造的，是人类自身系统的再延伸。生理需求是产品设计中最基本的需求，也是产品设计的起始点。产品设计中的造型美观、精致等一些使人赏心悦目的要求，是在满足了生理需求基础上的较高层次的精神需求，主要是满足人们在精神、情绪及感知上的需求。审美需求、归属需求、安全需求以及自我实现的需求，都是心理需求范围。心理需求要求产品能体现使用者的个性身份、地位，要满足使用者的成就感、愉悦感。智性需求一般是指所设计的产品对人有一种特别的意义，例如具有开拓智力的作用。智性上的需求大致包括人们解决问题的能力、提高智能水平、效益、速度等方面。如计算机、现代办公系统等，都是为了满足人们的这种需求。

B 人机工程学因素

产品设计中的人机工程学因素就是研究人、产品、环境之间的相互协调。绝大多数的产品都必须通过人的操作才能达到其为人服务的功能目的。产品必须紧紧围绕人的操作和使用方式来进行设计，而人在操作或使用产品时都离不开自身的生理条件和对产品的控制能力，超出这一范围，人们在使用这一产品时就会感到不舒服或达不到应有的使用效率。人机工程学应用人体测量学、人体力学、生理学和心理学等学科的研究方法，对人体结构和特征进行研究，提供人体机能特征参数，为产品设计提供必要的设计参数，也是设计师进行产品人性化设计所必须考虑和解决的因素。它通过揭示人、产品、环境三要素之间相互关系的规律，从而确保人机环境系统总体效能优化。重点放在人的知觉信息的安排和人对产品操作的合理性上，在以人为本的前提下，研究如何使产品的操作适合人体测量，并与人的生理、心理机能相协调。如1970年意大利设计师设计的"袋子"坐垫，是反潮流设计的代表作，风行一时，在美国被称为"豆袋"。袋内添塞粒装塑料，能适应身体的各个部位，而且很轻，便于搬动。我们时代需要的是多种用途的轻便的座椅，用来为宽松的服装和现实的生活方式作补充。轻巧的椅子以及可以随意搬动的靠垫，给人们带来舒适——不论你是坐着还是躺着。

C 美学因素

产品设计的美学因素是指在心理感受的基础上，在形态设计的过程中满足人的审美要求。产品设计透过产品形象使通俗的美学观念得以满足和提高，进而开拓艺术的范围和影响，改变审美的价值观念。从人性化设计思想上来考虑，最主要的是要研究设计符合人审美情趣的产品时应考虑的因素。这些因素包括以下几个方面：1）视觉感受及视觉美的创造；2）审美观及美感表现；3）听觉感受及听觉美的创造；4）触觉感受及触觉美的创造；5）美的媒介及其美学特征的发挥；6）美的形式；7）美感冲击及人的适应性；8）美学法则和方法等。

D　环境因素

环境对产品设计的影响包括微观与宏观两个层次。微观层次是指产品使用时所处的物理环境，宏观层次是指从大的方面看产品所处的特定文化环境。物理环境对产品的影响是显性的，它主要是针对产品与人的操作环境的关系问题。从人性化设计理念来考虑，就是要从人的角度分析各种物理因素如温度、湿度、照度、空间、声音及其他干扰等物理因素对产品的影响，使之对产品的不利影响减至最小，使人在使用产品时有良好的安全感、舒适感。另外，物理环境及自然环境是人赖以生存的基础，产品的制造、使用不要对环境构成直接的或者间接的破坏与污染。

E　文化因素

文化对产品的影响是隐性的，如法律、道德、习俗、价值观念等的影响就是如此。产品设计应符合特定的文化特性，表现出与时代精神和科技进步的协调性与前瞻性。反过来，产品设计又可以影响人的生活的文化氛围，甚至导致一种新生活文化形态的形成。在当前信息化时代的环境下，电脑及办公自动化产品的设计正在影响无数产品的设计风格，简洁、明快的造型风格已在多数产品上得以体现，"轻、薄、灵、巧"的设计观念是与目前人们普遍的价值观念相联系的。

6.3.4.4　产品的人性化设计是现代工业设计发展的大趋势

工业设计师的使命不在于重视和协调工程设计，而在于以人为本，努力通过设计来提高人类生活和工作的质量，设计人类的生活方式。在新的形势要求下，以人为本的设计是把人对工业品的多元需求，特别是人的精神与文化需求提升到一个空前的高度，使在以技术为主体的产品化设计中已经遗忘的人的尊严、个性与情感需求，重新成为人的创造活动的重要尺度。

"人性化设计"进一步阐释了"人本设计"，是设计理念上的又一次进步，是时代进步的产物。"人性化设计"没有一味的肯定或否定"人本设计"，而是以"人本设计"为中心，更合理地发展了"人本设计"。

6.3.5　"以自然为本"的设计

绿色设计（即以自然为本的设计）是 20 世纪 80 年代末出现的一股国际性工业设计潮流，是各国为适应全球环境保护战略，进行产业结构调整，对现代科技文化所引起的环境及生态破坏的反思和设计师道德和社会责任心回归的产物。绿色设计的基本思想是：既考虑"以人为本"的设计，又考虑生态系统，在设计构思阶段就将环境因素纳入设计之中，将环境性能作为产品的设计目标和出发点，力求使产品对环境的影响最小。

6.3.5.1　绿色设计的由来

在漫长的人类设计史特别是在与世界工业设计史并行发展的工业时代里，燃料汽车、电力机械、化学化工与传统钢材成为人们生活、生产的主要技术手段。这些技术手段与社会化大生产的生产方式相结合，在"以人为本"的口号下，为人们创造了舒适、方便、快捷的现代生活方式和生活环境，但是不可避免地也加速了对自然资源、能源的消耗和对环境的污染，使地球的生态平衡遭到前所未有的破坏。另外，工业设计的过度商业化，使得设计成了鼓励人们毫无节制的、肆意消费的重要媒介和催化剂，以至于人们称工业设计（尤其是广告设计）是鼓励人们过度消费的罪魁祸首，招致了许多批评和责难。正是在这种背景下，在设计界出现了一种新的设计——绿色设计。

绿色设计是随着"绿色产品"概念的诞生而逐步产生的一种设计方法（也可以说是一种设计理念）。真正意义上的绿色产品诞生于前联邦德国。1987年，该国实施了一项称为"蓝天使"的计划，对在生产和使用过程中都符合环保要求，且对生态环境和人体健康无损害的商品，环境标志委员会授予该产品绿色标志（第一代绿色标志）。

那么究竟什么是绿色设计呢？

绿色设计（green design）也称为生态设计（ecological design）、可持续设计（sustainable design），其基本思想是：从"以人为本"的设计观转向既考虑人的需求，又考虑生态系统，在设计构思阶段就将环境因素纳入设计之中，将环境性能作为产品的设计目标和出发点，力求使产品对环境的影响最小。对工业设计而言，不仅要减少物质和能源的消耗，减少有害物质的排放，而且要使产品及其部件能够方便的分类回收并再生循环或重新利用。生态设计也称之为生命周期设计，即利用生态学的思想，在产品生命周期内优先考虑产品的环境属性，除了考虑产品的性能、质量和成本外，还要考虑产品的回收和处理。可持续设计涉及更多的方面。

6.3.5.2 绿色设计的思想基础——可持续发展观

20世纪70年代以来，各种社会公害问题接踵而至，能源危机越来越严重，人们开始认识到环境问题和生态破坏具有不可逆性，把经济、社会和环境割裂开来谋求发展，只能给地球和人类社会带来毁灭性的灾难。源于这种危机感，可持续发展观在20世纪80年代逐步形成。1980年，国际自然保护同盟在其制订的《世界自然保护大纲》中首次使用了"可持续发展"的概念。1987年，联合国大会正式提出了"可持续发展"（sustainable development）的概念。报告中指出，"可持续发展"是一种"既满足当代人的需求又不危害后代人，满足其需求的发展"，是一个涉及经济、社会、文化、技术和自然环境的综合的动态的概念，从理论上明确了发展经济和保护环境与地球资源之间的相互关系。我国在2002年提出未来发展目标时也明确提出要走"可持续发展能力不断增强，生态环境得到改善，资源利用效率显著提高，促进人与自然的和谐，推动整个社会走上生产发展、生活富裕、生态良好的文明发展道路"，要求在全面建设小康社会的过程中，正确处理经济建设与人口、资源、环境的关系，建设可持续发展的物质文明和有利于人们生存和发展的生态环境。

6.3.5.3 绿色设计的主要内容

绿色设计的核心可以概括为"3R"，即减少（reduce）、回收再生（recycle）和重复利用（reuse）。工业设计师（设计人员）在进行一项绿色设计实践工作时，可从以下几方面着手。

A 选择绿色材料

绿色材料是在1988年第一届国际材料会议上首次提出来的，并被定为21世纪人类要实现的目标材料之一。绿色材料是指在获取原料，制造和使用产品以及再循环利用、处理废物等环节中与生态环境和谐共存对人类健康不造成影响的材料。绿色材料既有良好的适用性能，又与环境有较好的协调性。绿色材料又称环境材料，由日本的山本良一于1992年最先提出，用以指那些具有最小的环境负担和最大的再生利用能力的材料，即节约资源和能源，减少和防止环境污染，容易回收利用，丢弃后易于自然降解而回归自然的材料。

B 实行绿色包装

最早的"绿色包装"概念出现在1987年联合国环境与发展委员会发表的《我们共同的未来》中，到1992年联合国环境与发展大会通过了《里约环境与发展宣言》、《21世纪议程》

后，绿色包装在可持续发展观的深刻影响下更是深入人心。"绿色包装"（green package）又称为"环境之友包装"（environmental friendly package）或生态包装（ecological package），指的是对生态环境和人体健康无害，能循环复用和再生利用，可促进国民经济持续发展的包装，应符合生态环境保护的要求。绿色包装指能节约资源，减少废弃物，用后易于回收再用或再生，易于自然分解，不污染环境的包装。

　　C　使用绿色能源

　　20世纪60～70年代的全球性能源危机出现后，人们逐渐认识到人类所借以休养生息的这个蓝色星球所拥有的资源其实是相当有限的，从而不得不为未来更好的发展而开发和使用新的能源——绿色能源。绿色能源又可称为清洁能源，一般分为两种类型。一是利用现代技术开发干净、无污染的可再生能源，这些能源消耗之后可以再生，很少产生污染。这种能源包括水能、生物能、太阳能、风能、潮汐能、地热能和海洋能等；二是化害为利，同改善环境相结合，充分利用城市垃圾、淤泥等废弃物中所蕴藏的能源。要实现可持续发展，必须大力发展绿色能源产业。

　　D　采用绿色制造

　　绿色制造（green manufacturing）又称环境意识制造、面向环境的制造等。由于绿色制造的提出和研究历史较短，其概念和内涵尚处于探索发展阶段，因而至今还没有统一的定义。一般认为绿色制造是一个综合考虑环境影响和资源效率的现代制造模式，其目标是使得产品在从设计、制造、包装、运输、使用到报废处理的整个产品生命周期中，对环境的影响（负作用）为零或者极小，资源消耗尽可能小，并使企业经济效益和社会效益协调优化。

　　此外，近年来有关"绿色"的概念和设想越来越多，例如绿色营销、绿色工艺、绿色管理、绿色生产、绿色消费、绿色物流、绿色家装等。这些概念的出现也反映了人们对绿色设计的关注和对自身居住的这个星球环境的可持续发展前景的反思和积极应对，也正因为此，绿色设计必将会得到更为迅速的发展。

　　社会可持续发展的要求预示着"绿色设计"将成为21世纪工业设计的主流。绿色设计给工业设计带来了更多的挑战和机遇。这不仅需要设计的理性，更需要新兴科学技术的介入，同时具有广泛的社会性和持久性。绿色设计已经成为人类实现可持续发展，拥有高质量生存环境，享受全新生活方式的必然要求。

6.4　工业产品设计的发展

6.4.1　设计的思考方式的变化

　　（1）从以机器为思考中心，到以人为思考中心，再到以自然为思考中心的设计理念的革命性变化。

　　（2）从企业自我中心观念，到适应市场需求的企业模式的转变。

　　（3）从科技产生产品，到需求影响科技。

　　（4）从设计与艺术相脱离，到设计与艺术紧密无间。

6.4.2　设计与科学技术

　　设计成为一个独立的职业，是工业革命以来的事。工业设计从诞生到现在，技术发展史是一个最有影响力的贯穿始终的发展线索。工业产品的生产和市场经济的发展凸显了设计的社会意义，使它为生产—市场—生活之间的纽带。伴随着工业生产的发展，怎样在产品中体现人们的生活理念和艺术追求，体现人们关于技术和工业发展的伦理价值，成了工业和技术进步过程中必须解决的问题，而这些问题的实质就是设计哲学的问题。

科技在飞速的发展，一个又一个的科技成果不断地展现在人们眼前，人们为什么要发明发展科技，又如何使用这些科学技术？答案就是：生活通过设计使人们产生了发明发展新科技的需求，科学技术又通过设计走到了人们日常生活的面前。另外，科技的发展促进了设计方法、设计理念的前进，使设计更能忠实于人的需求。一件产品从需求到科技发明，再由科技发明转化为产品，再由产品转化为日常的生活使用，其间无处不渗透着设计的重要作用。设计使人理性，设计使人进步，设计使人舒适。

6.4.3 设计与产业模式

从经济学角度来看，追逐经济利益是企业家的根本目的，而企业必须通过更好地满足消费者的需求才能达到自己的经济目的，而且企业家永远都在寻求以最小的投入获得最大产出的途径。从马斯洛的需要层次论来看，人们对于越高层次需求的满足，越愿意支付较高的代价。我国著名的营销专家韩庆祥说过，"无论哪一种精神需要，从表现形式上讲都是使人获得了一种愉悦和快乐。人为了满足精神需要，怎样使自己快乐就成为生活中的基本追求。人们总会觉得日常的生活太平淡，希望使自己的消费过程中多增添一些快乐，因而能给人以快乐的产品就产生了附加值。"能产生这些巨大的附加值的重要产业过程就是产品设计。所以，通过工业产品设计的创新，使消费者在购买和使用商品的过程中获得愉悦和快乐的感觉，是使企业产品获得附加值的有效途径，也是产业模式调整的重要诱因。

设计是为人服务，那么衡量一个好的设计，最主要的是看它如何为人服务和服务的程度如何。这可能与某些追求利润的企业的目的并非完全一致。而工业设计是以为人服务为目的，决定了在设计过程中，一切都是从消费者或者使用者的角度去观察、研究，解决产品中存在的问题。所以，一个产业如何去运作取决于市场的需求，换而言之，就是取决于消费者的需求。一件没有人需求的产品注定是失败的，是没有利益可图的，也是无法运作下去的。所以，市场和消费者是检验一切产业的熔炉，正所谓真金不怕火炼，好的产品与真正满足消费者需求的产业模式必定能经过市场的检验。

6.4.4 设计与艺术

广义地说，美的领域涵盖人类活动的一切领域，无论是政治、经济、科学技术、哲学，还是人的思想、感情、行为等，都有一个美不美的问题。凡是正确的、有效的，都是美的。艺术是精神产品，情感的表现，是富有创造性的。

设计是在生产日益发展、工业设计是在机械批量生产的前提下，把技术、艺术和经济三者结合起来的一门功能与外观高度统一的综合性学科或称为边缘学科。其目的是为了适应和满足人类的生产和生活需要。

随着科技的不断发展，人们可以很容易的实现自己的设计构思，所以在同等条件下，人们更加注重设计的艺术层面。当人们把视线从产量转移到质量上时，一件产品就不仅仅要满足人们在功能上的需求，更要让人们在使用的过程中感到真正的舒适与和谐。这种舒适与和谐源于设计师对人类感受的关注、对自然和谐的关注、对环境安全的关注，而艺术恰恰是这种关注的良好体现形式。所以，设计与艺术的距离正在逐渐缩短，甚至可以说，设计本身就是一种艺术加工过程，艺术在设计过程中无所不在。

6.4.5 设计回归自然

大自然中蕴藏着无数美学内涵丰富、力学结构合理的优秀实例，蕴藏在自然界的美的要素和形态结构，可进一部提炼和加工成人们创造具体实用形态时的基本元素。目前，很多设计师和工程师又重新把目光放回到自然界，人们真正意识到了自然界伟大的力量。设计师们参考鲨鱼的皮肤结构模拟出了摩擦力更小的泳衣，这件泳衣在悉尼奥运会上改变了世界泳坛的格局，几乎大半金牌得主都穿上一种特殊的泳衣——"连体鲨鱼装"。这种鲨鱼装仿造了海中霸王鲨鱼的皮肤结构，泳衣上设计了一些粗糙的齿状凸起，能有效地引导水流，并收紧身体，避免皮肤和肌肉的颤动。第二代鲨鱼装又增加了一些新的亮点，加入了一种叫做"弹性皮肤"的材料，可使人在水中受到的阻力减少 4%。此外，还增加了两个附件，附在前臂上由钛硅树脂做成的缓冲器能使运动员游起来更加轻松，附在胸前和肩后的振动控制系统则能帮助引导水流。设计师在对自然形态的探索中，会从那些形态中得到十分丰富的感受，然后将这些形态从表象中抽象出来，找到一些形式美的原理，并利用这些理性的形态去从事新的设计。

自然界中的物质存在下来必有其合理性，即所谓的适者生存。设计师为了寻找新的结构方式，不断地追求着更科学、更合理、更完美的状态，使设计与自然在深层次结合在一起。纽约南岛大桥的桥梁结构看起来很像大型动物的骨骼，该桥由一系列方框和平行四边形钢梁构成，钢梁弯曲后会增加强度，且受压时更加牢固。这种结构即来源于动物骨骼的结构形态以及与肌肉有机的连接方式。在很多设计中，视觉关系并不是设计的唯一方面，结构、机能往往是最重要的。设计师应研究生物体和自然界物质存在的功能原理，并用这些原理去改进现有的或改造新的技术系统，以促进产品的更新换代或新产品的开发。

设计在回归自然的过程中逐渐地成熟起来，人们越来越多地认识到了人与自然和谐共生的重要性，只有和谐才能使我们的生活质量得到真正的提高，片面的设计发展只会破坏大的环境，营造小的环境，长久的积累下去，只能使环境越来越差。所以，绿色的设计、生态的设计和可持续发展的设计近些年正蓬勃地发展起来。绿色设计、生态设计和可持续发展设计具有安全性、节能性、生态性、社会性等基本特征，而其延伸到产品设计中，无论从创意还是表现都会给图形设计带来新的内涵。绿色设计本身就来源于设计师对现代技术文化所引起的环境及生态破坏的反思，体现了设计师道德和社会责任心的回归。同时，设计师在解决问题的过程中，为社会创造经济和社会价值，为市场带来价值，但盲目的刺激行为往往会造成视觉灾难。夸张的设计，呆板的模型，强烈的色彩，人类被杂乱无章的设计状态所困扰，身心受到极大的伤害。因此，人们更加注意在视觉上运用绿色设计观念，让产品设计处在更为合理的视觉秩序上，在绿色设计的视野下完善产品与人类的协调关系。

7 工业产品设计在企业中的运用

7.1 工业产品设计的实例分析

7.1.1 新产品开发过程

新产品从产品策划到项目批准经历了四个阶段（见图7-1和图7-2）：

（1）确定产品机会。

（2）理解机会。

（3）基于产品机会形成产品概念。

（4）实现机会。

图7-1 突出从策划到项目定案阶段的完整的产品开发过程

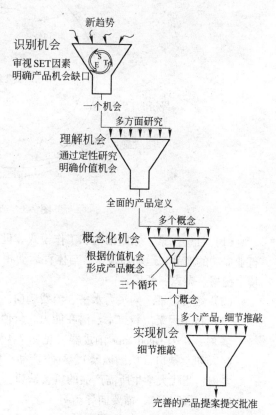

图7-2 模糊前期的构造过程形成同一系列漏斗

7.1.2 iNPD 产品开发第一阶段——识别机会

7.1.2.1 对第一阶段的要求

（1）产品。识别大量的潜在的产品机会缺口，选择最合适的机会缺口。

（2）团队。营造良好的团队氛围，从怀疑自身的能力到不自觉地充满自信。

（3）结果。一个以表达或理解某种生活经历的形式所阐述的产品机遇，一个原始的故事情节，明确产品的潜在用户，明确产品开发可能需要的顾问和其他相关人员。

（4）方法（用于识别和选择合适产品机遇的一系列定性分析方法）。全面审视 SET 因素以识别所有的产品机会缺口，头脑风暴，创作、定性评估、减少产品机会缺口数量，对原型有所侧重。

（5）开展不同的研究途径。主要研究产品用户和其他相关人员，其次研究各种参考文献，团队建设的练习。

7. 1. 2. 2　过程

SET（social-economic-technological）因素分析流程如图 7-3 所示。

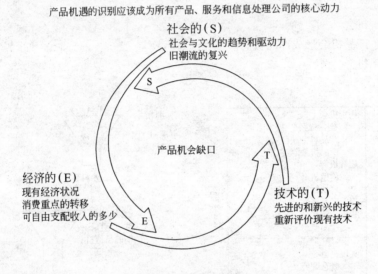

图 7-3　产品机会缺口

（1）社会因素。家庭结构和工作模式、健康因素、电脑和互联网的应用、政治环境、其他行业成功的产品、运动和娱乐、与体育运动相关的各种活动、电影、电视等娱乐产业、旅游环境、图书、杂志、音乐。

（2）经济因素。购买力水平、消费趋向。

（3）技术因素。新技术、潜在能力、价值。

实例：OXO GoodGrips 削皮器（见图 7-4、图 7-5 和图 7-6）。

（4）机会缺口（头脑风暴）。列举产品相应的机会缺口。

实例：当代大学生所需产品的机会缺口。

1）生活不规律，需要向导。

2）窗帘的悬挂和摘取不方便。

3）床上学习桌的高度、形状不舒适，收起来时响声过大，影响他人休息。

4）应急灯体积过大、过重，灯光刺眼，充电所需时间过长（约 20 小时），用时无处安置。

5）书架多为木质，易生虫子，不好固定，格局不易藏书。

6）短时间出门，带钥匙不方便。

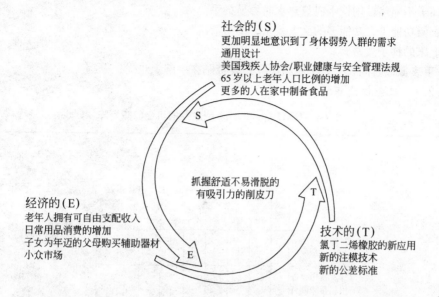

社会的(S)
更加明显地意识到了身体弱势人群的需求
通用设计
美国残疾人协会/职业健康与安全管理法规
65岁以上老年人口比例的增加
更多的人在家中制备食品

经济的(E)
老年人拥有可自由支配收入
日常用品消费的增加
子女为年迈的父母购买辅助器材
小众市场

抓握舒适不易滑脱的
有吸引力的削皮刀

技术的(T)
氯丁二烯橡胶的新应用
新的注模技术
新的公差标准

图7-4　OXO GoodGrips 削皮器 SET 因素分析

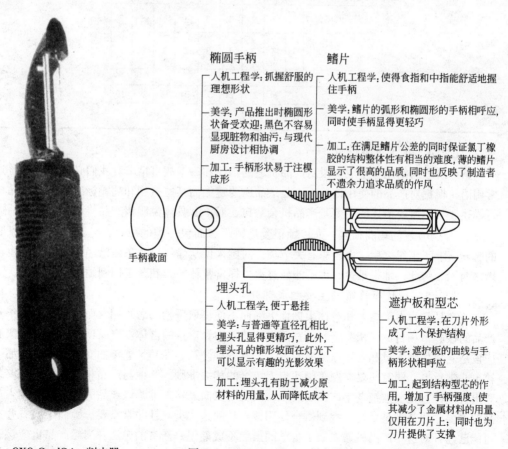

椭圆手柄
— 人机工程学:抓握舒服的
理想形状
— 美学:产品推出时椭圆形
状备受欢迎;黑色不容易
显现脏物和油污;与现代
厨房设计相协调
— 加工:手柄形状易于注模
成形

手柄截面

鳍片
人机工程学:使得食指和中指能舒适地握
住手柄
美学:鳍片的弧形和椭圆形的手柄相呼应,
同时使手柄显得更轻巧
加工:在满足鳍片公差的同时保证氯丁橡
胶的结构整体性有相当的难度,薄的鳍片
显示了很高的品质,同时也反映了制造者
不遗余力追求品质的作风

埋头孔
— 人机工程学:便于悬挂
— 美学:与普通等直径孔相比,
埋头孔显得更精巧,此外,
埋头孔的锥形坡面在灯光下
可以显示有趣的光影效果
— 加工:埋头孔有助于减少原
材料的用量,从而降低成本

遮护板和型芯
— 人机工程学:在刀片外形
成了一个保护结构
— 美学:遮护板的曲线与手
柄形状相呼应
— 加工:起到结构型芯的作
用,增加了手柄强度,使
其减少了金属材料的用量,
仅用在刀片上;同时也为
刀片提供了支撑

图7-5　OXO GoodGrips 削皮器　　　　图7-6　OXO GoodGrips 削皮器设计的合理性分析

7）杯子不隔热，用饮水机打热水时容易烫手。

8）衣架功能少，功能多的又太复杂，不易清洗。

9）上床的梯子太硌脚。

10）手表佩戴时间长了，手腕易出汗，表带贴在手腕上难受，等等。

7.1.2.3　机会权衡矩阵系列（表7-1）

表7-1　OXO GoodGrips 削皮器的机会权衡矩阵

标准	重要度	机会1	机会2	机会3	机会4	机会5	机会6	机会7	机会8
时间和财力资源	3	2	1	3	3	3	1	2	1
开发有用、好用和希望拥有的产品的可能性	2	2	1	2	2	1	1	3	1
潜在的市场规模	1	1	3	1	3	1	2	2	1
潜在的创造力	2	2	2	3	3	1	3	2	
团队成员的潜在贡献	3	3	3	3	3	2	3	3	3
总计		24	21	21	31	24	18	29	19

7.1.2.4　生成故事情节

第一阶段的结尾将生成一段对产品机遇的描述和一个故事情节。我们必须运用最普通的日常用语，根据对产品的使用体验而不是产品所要遵循的某些造型和功能标准，来对产品机遇进行描述。我们所要描述的主要是产品机会缺口，而不必具体说明该产品将如何填补这一缺口。

实例：70 岁的玛莉独居一人，她很爱烤饼干、面包一类的甜点，尤其在节日里家庭团聚的时候。上了年纪之后，由于患有关节炎，对她来说从烤箱里拿东西已经很不方便，也没法再烤东西了。为此，她很难过，也不能像过去一样常常让家人和孩子们到她这里团聚了。

7.1.2.5　该故事情节的主要组成部分

该产品是为由于体力和身体柔韧性下降而不便提取重物的老年妇女而设计的。老年女性是产品的核心市场目标，相关资料的查阅也应该集中针对这一群体。产品项目的相关专家和顾问应该是老年保健人员和老年风湿病专家。了解各种烤箱，尤其是老年妇女可能拥有的那一类烤箱也非常重要，同时还要参照美国残疾人协会的相关准则。其他与产品相关的人包括安装烤箱和出售配件的人、推销老年产品的组织，以及可以向老年人推荐该产品的医生或保健人员。产品的主要用户基础是女性，找到适合使用该产品的这一类女性非常重要。她们中的有些人甚至可能已经针对这一产品机遇发展了自己的虽然不成熟但是新奇的想法。当然产品也应该适用于老年男性，不过主要的老年人群仍然是女性。一切特定针对妇女的问题都可以使该产品更好地满足大多数用户的需求和期望值。

7.1.3 iNPD 产品开发第二阶段——理解机会

7.1.3.1 对第二阶段的要求

（1）产品。通过主要和辅助的调查研究理解产品的价值机遇；把价值机遇转化为总体的、一般性产品准则。

（2）团队。保持健康的团队气氛和活力；充分地建立团队自信心；努力发展成为一个高效的团队。

（3）结果

1）一系列方法和原则帮助团队采纳可执行性见解，并把这些见解转变成产品概念。

2）对用户深入的了解，明确目标市场；清楚地了解核心市场、有经验的用户及产品顾问所期待的产品价值；进一步展开的、有更多细节的故事情节；产品的各种特征和产品所受的种种限制。

（4）方法。用来获取和分析来自核心市场、专门用户以及产品顾问的信息的各种方法。

主要研究方法：社会群体学，访问，观察，形象化的故事，情景分析法，任务分析。

辅助研究方法：人机因素和人机工程学，生活形态参考，现有的数据库。

7.1.3.2 过程

A 社会群体学

群体文化学（Ethnography），又称人种志学、民族志学，作为文化人类学的一个分支，是描述某个社会群体和阶层文化的学科，主要通过实地调查来观察群体并总结群体行为、信仰和生活方式。20 世纪后半叶，很多设计研究机构及设计公司开始从社会学科中寻找信息和方法，以帮助他们来了解用户与产品之间的关系，及用户使用产品的态度。近年来，群体文化学中研究人群文化和生活形态的方法，被借鉴用于产品开发初期的用户研究，以群体人类学的视角，综合使用各种社会学研究方法来观察群体并总结群体行为、信仰和活动模式。首先，对目标市场中代表性人群的深入理解。其次，群体文化学强调消费者的生活方式、体验和使用模式。再者，在于预测消费需求的重要转变。最后，监视动态市场的能力。

群体文化学在产品设计领域可以应用的方法包括：

（1）观察。对某种情况进行敏锐地观察能够使文化群落学研究人员对围绕一个产品机会的特定活动和背景环境有一个总的理解。

（2）访谈。针对产品使用过程、使用环境，或者针对一般的产品机遇，访谈帮助了解个人如何看待、理解并联系与他们生活方式某一方面相关的行为。

（3）视觉故事。视觉故事是目标用户（研究对象）自己制作的资料。他们是叙述性的故事，提供了关于某种特定生活方式的一些典型活动的见解。

B 情景分析

概括一个产品机会的基本元素，这些元素包括（见图7-7）：

　　Who：指的是目标用户；

　　What：是他们的需求；

　　Why：他们有这种需求；

　　How：在现在的情况下他们是怎么做这件事情的；

　　When：这件事情是什么时候发生的；

　　Where：他们是在什么环境下做这件事。

实例：Ron 是一个独立的承包商。他经常独行，或者同另外一两个人一起。当 Ron 早上到

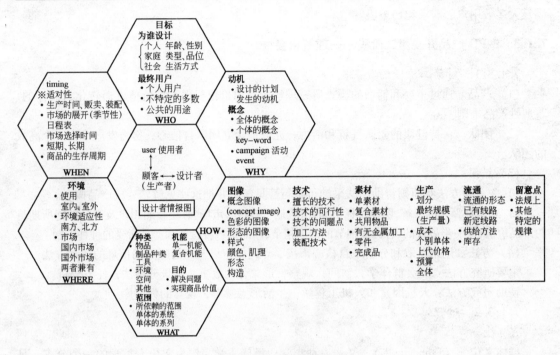

图 7-7　设计的情景分析

达工作地点的时候，他把较大的设备卸下来放到离工作位置尽可能近的地方。设置工作区意味着搬运锯木架和板子，以及大梯子和工具。大部分设备都很重，而且从卡车到目的地的搬运可能消耗很多时间和精力。

如果 Ron 在他的卡车旁边工作，他经常使用卡车车厢的后门作为下料或其他工作的工作台，甚至当成吃午餐的地方。Ron 在自己的卡车侧面装了一个工具箱，而且梯子架和牵引架都安装得非常专业。但这样一来 Ron 的车厢里就没有多余的空间，在装车的时候他不得不把工具先放在地上，这既损坏了工具，也造成了 Ron 背部的肌肉损伤。

这个情节定义了：

谁：Ron，一个独立承包商。

做什么：需要一个离他的卡车很近的灵活工作空间。

为什么：在常用的载货卡车里没有空间；一些临时的办法又不能令人满意；目前的操作方式容易疲劳而且对背部有伤害。

怎么样：携带的设备混在一起放在工作地点，或把车厢后门当成临时的桌面。

什么时候：整个工作日。

C　任务分析

任务分析的目标是把解决问题的过程分解成一步接一步的方式。将结果用流程图表示，其中每一步构成一种活动。

任务分析要求：任务分析要求将所有细节层次逐一分解（如果不同人以不同方式完成任务，那么使用分支表示不同的选择，如果分支的序列又汇集到一处，汇集的位置要标示出来）。任务分解结束后分析流程图，判断出程序中有效或无效的步骤。分析提高每一步骤效率或简化其难度的手段。比较原有状态和现有状态的有效程度，检验设计思路的有效性。

实例：开发一种制动开门锁门的产品。

D 人机工程学

人机工程指的是人的动态运动以及人与静态或动态的人造物品和环境的互动。一个产品有两个主要的、互相关联的交互层次。人类通过感觉认知和接触体验世界。这两种模式动态循环，产生了我们的体验。

包括：人体测量和认知心理。

第二阶段结尾时产品机遇应更加清晰，对产品的各种要求和规范有统一的理解。

实例：

产品机遇在此时变得更加清晰，第一阶段形成的产品故事情节进一步得到发展：

肩关节和腰椎的炎症限制了玛莉的活动范围。她胳膊和背上的肌肉也不像过去那么有劲了。为此，我们需要一种适用于标准烤箱，可以帮助玛莉克服这些困难并且能够轻松地把各种平底锅或烤盘放进烤箱又从里面拿出来的装置。

产品机遇的陈述也得到了发展：团队将开发一种配合标准烤箱、易于安装和清洗的产品。该产品必须简便，而且其价格和安装费加起来不会超过50美元。产品安装应该简单到可以由一般的家庭成员来完成。产品的主要市场就是年龄在75～80岁之间并患有关节炎的老年妇女，而产品的主要购买者则可能是一般的家庭成员。

7.1.4 iNPD产品开发第三阶段——把机会转化成产品概念

7.1.4.1 对第三阶段的要求

(1) 产品。把价值机遇转化成有用的、好用的和希望拥有的产品概念；首先生成大量的概念，然后经过反复推敲形成最终的产品概念。

(2) 团队。运用以权益为基准的协商策略；克服观念差异；摒弃个人或专业之间的冲突，把矛盾都集中在产品上。

(3) 结果。有如下特征的产品概念：能体现初步的美感；技术上是可行的；被认为是有用的、好用的和希望拥有的；产品造型模型；产品工作模型；明确的产品市场。

(4) 方法。反复制作、演示产品模型，并由核心市场、有经验的用户和专家顾问对模型进行测试。

7.1.4.2 过程

(1) 产品定义。价值机会分析与定性的用户研究结合在一起为产品机会缺口提供了有实践价值的、能够引导出独特产品定义的见解和认识。

产品用来做什么，谁会购买，产品的基本尺寸如何，产品的造型特色是什么，主要的竞争对手是谁，产品语义学和感觉特征是什么，产品的环境和背景是什么？

实例：

产品用来做什么。中（短）途的代步工具。

谁会购买。年龄在16～25岁之间的，来自一般家庭的在校大学生。

产品的基本尺寸。70cm×50cm×30cm。

1) 轴距。前后轮间距离。轴距越长，感觉越稳，但速度越慢；反之亦然。通常轴距为50cm左右：自由式板轴距只有40cm左右；老式板（old school）却有55～60cm。

2) 板面。通常一块可用的滑板由7层糖枫木碾压而成。有些板的底部有一层特殊化学物质构成的平滑层（slick）。

3) 脚窝。这是指板面上弯曲凹下的部分。除了自由式的板子，现在流行的板都有脚窝，这也是为了滑板者能够更好控制滑板。

4）板头板尾。现在的板大多数是双翘，两者看来差不多。一般来说，板头比板尾要长，有时角度也更大。

5）轮子。自由式的轮子则通常为57mm。一般地说，大轮子有利于保持速度和越过小的障碍物，但加速则无小轮子快，另外也太笨重。小轮子则适合于玩技巧性大的动作，等等。

（2）产品草图。

（3）价值机会分析价值可以被分解为能够支持产品的可用性、易用性和被渴求性的各种具体的产品属性，正是这些属性把产品的功能特征和价值联系在一起。由于产品为用户创造了某种体验，体验越好，产品对于用户的价值就越高。理想的情况是，产品通过更加愉悦的方式帮助用户解决某个问题或完成某项任务，从而实现了一种梦想。

我们已经确定了一套可以为产品提升价值的七个方面的机会，称作价值机会（value opportunities，VOs）这七种价值机会类型分别是：情感、美学、个性形象、人机工程、影响力、核心技术和质量。

（4）价值机会分析表见表7-2。

表7-2　价值机会分析表

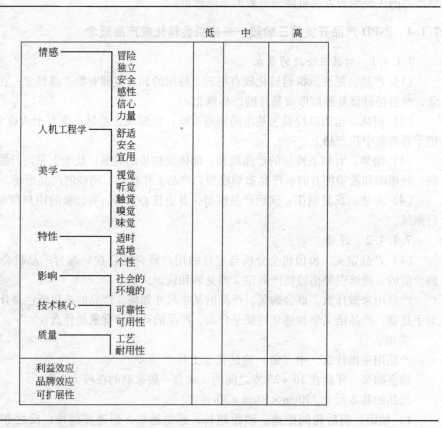

实例：Black & Decker 的 SankeLight（蛇形灯），见图7-8、图7-9和表7-3、表7-4。

7.1.5　iNPD 产品开发第四阶段——产品机会的实施

7.1.5.1　对第四阶段的要求

（1）产品。获得项目批准以便全面展开产品加工和市场推出工作；一个完整的、并且被认

图 7-8　Black & Decker 的 SnakeLight（蛇形灯）

黑色波纹外套管

— 美学: 简洁的波纹形状; 所有组件均为黑色

— 人机工程学: 保护内部结构; 避免结构外露, 勾住衣物或刮伤使用者

— 加工: 厚而且耐久的氯丁橡胶对内部的芯提供保护

开关

— 美学: 简洁、有皱褶的波纹表面

— 人机工程学: 三瓣的表面有助于手指加力

— 加工: 嵌入式的开关不容易误开, 且易于加工

灯头

— 美学: 蛇形灯头创造了产品的品牌形象

— 人机工程学: 灯颈后面的内凹空间允许将灯尾插入其中, 从而起到了传统手电筒把手的作用

— 加工: 头部和颈部之间的过渡处理得很好; 合理的内部结构设计可防止波纹管滑脱

前灯罩

— 美学: 在 iMac 之前就使用了半透明或透明塑料; 细节设计受汽车大灯的启发

— 人机工程学: 外壳很容易拆卸, 方便换灯泡

— 加工: 透明塑料的合理应用不仅在于保护灯泡

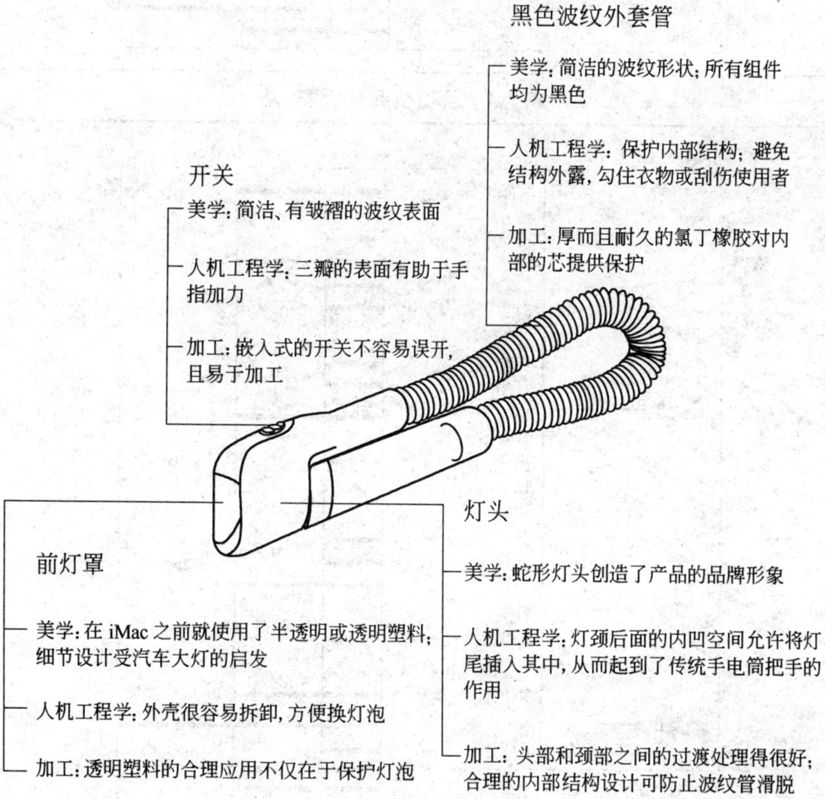

图 7-9　Black & Decker 的 SnakeLight（蛇形灯）设计的合理性分析

表 7-3　价值机会分析表

手电筒		低	中	高
情感	冒险			
	独立			
	安全			
	感性			
	信心			
	力量			
人机工程学	舒适			
	安全			
	宜用			
美学	视觉			
	听觉			
	触觉			
	嗅觉			
	味觉			
特性	适时			
	适地			
	个性			
影响	社会的			
	环境的			
技术核心	可靠性			
	可用性			
质量	工艺			
	耐用性			
利益效应				
品牌效应				
可扩展性				

表 7-4　价值机会分析表

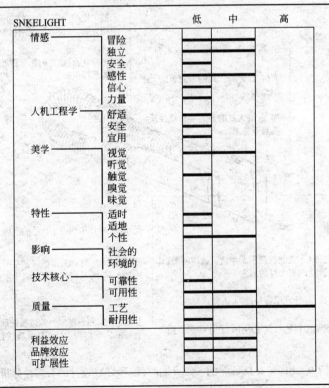

SNKELIGHT		低	中	高
情感	冒险			
	独立			
	安全			
	感性			
	信心			
	力量			
人机工程学	舒适			
	安全			
	宜用			
美学	视觉			
	听觉			
	触觉			
	嗅觉			
	味觉			
特性	适时			
	适地			
	个性			
影响	社会的			
	环境的			
技术核心	可靠性			
	可用性			
质量	工艺			
	耐用性			
利益效应				
品牌效应				
可扩展性				

为是有用、好用和希望拥有的产品概念；一个可以获得专利权的产品概念。

（2）团队。继续运用以权益为基准的协商策略；保持领域间的交流与合作直至项目结束。

（3）结果。精致而且合理的产品造型、功能特征、材料和加工核心技术。

（4）模型。可工作模型；加工计划。

（5）明确的市场计划。各项财务准备工作；市场推出策略；可能的标识和产品。

（6）知识产权保护。命名；使用新型与设计专利、品牌策略。

（7）方法。所有相关人对第三阶段所形成的产品概念的反映；细节化的产品形象表达，包括平面或三维的电脑表现图以及实物模型；造型和其他视觉元素的细节设计工作；产品技术和人机交互界面的细节设计；快速原型；通过有针对性的用户研究和访问形式进行市场测试；核心技术的研究和选择；材料和加工工艺的研究与选择；成本分析。

7.1.5.2　形态开发

（1）产品造型展开：1）附加法；2）消除法；3）缩小法；4）扩大法；5）伸缩法；6）借用/转用；7）复合化。

（2）产品形态的修辞法：拟人、拟物、反讽、暗喻。

7.2　工业产品设计的价值研究

现代产品设计，正处于追求企划、组织、管理、弹性化运用设计方法与资源的时代，设计学科发展至此，不只是单一的创作工作，而必须与管理、营销、心理、市场、企划、工程等学科相结合，才能发挥整合的优势，开发出优良的新产品。好的设计应该是"既能满足大众身心的需求，又能适当地教导人们如何正确地生活。"在此前提之下，可以从下列几个设计价值的拓展面来探讨现代产品设计的设计要点。

7.2.1　产品设计价值的个性化

现代产品设计，常常运用丰富的色彩、美妙的曲线、独特的造型来体现产品价值的个性化。尤其在现代产品的价格、质量和功能都类似的情况下，设计成了唯一影响消费者选择的因素。个性化的设计包含了最佳造型的设计与适当的色彩表现。

7.2.1.1　最佳造型设计要素

造型，是指一件物品整个外观塑造的常用术语。造型设计的目的，一是使该产品更加方便人们的使用，二是更加符合使用者的美学感觉，满足人们的精神需求。一件工业产品的造型是由变化多个造型要素相互之间的关系而形成的。造型要素包含形状、材料、表面与色彩四个方面。因为，一件造型最主要的要素就是形状。形状是指一件产品三维空间的造型，主要表现在产品外观凹凸、起伏变化及其构造方面的限制等。设计师应该巧妙地利用这些限制，优化造型。一件优良的形状设计，能使产品有效地使用并给人以强烈的视觉印象。而材料是构成形状的分子，对造型形象有着重要的影响作用。设计师常常是在材料的"限制"下去做设计的。材料有各自的视觉性格，为了使材料更符合使用与视觉要求，设计时必须对材料的表面作适当的设计。运用不同材料的表面，妥善加以组合配置或对材料表面进行再处理，可分别给予使用者以各种不同的视觉感受。设计师可利用材料的表面变化或表面形成，达到所要求的理想效果，较完美的表面可以改善一件产品的使用性，使产品更加容易保养，美学信息传递得也更好。

在现代产品设计中追求艺术上的趣味化与风格上的个性化是造型设计要素的具体体现。如前所述，产品设计价值的根本在于如何满足人们的需求，新的需求刺激新的消费欲望，导致新的设计。随着时代的发展，人的个性得到了空前的舒展和张扬，设计领域内关于设计的判断准则也在改变，结构的合理性、功能性和适用性已经不再是衡量设计水平的主要标准。艺术上的趣味性和风格上的个性化，重新被消费者所重视。人们要求产品具有一定的文化品位，在人为环境中能产生审美的感情效应。除了实用、舒适之外，对于造型的要求，越来越显得重要，实用与美好的造型是可以并存的。如果一件产品的成功与否是以市场营销的理想程度作为评判的标准，如果某种造型能让多数的消费者喜爱，那么就会增加市场销售的成功机会。这就是说，好的造型可以大大提升成功的机会，因为它赢得了消费者的喜爱。作为设计师，必须考虑现代人对产品设计中越来越高的精神需求和越来越强的个性表现，注重造型设计中的艺术趣味化和风格个性化，掌握消费者的消费意识，以适应大众社会文化、生活形态的变更，设计合理的最佳造型。

7.2.1.2   适宜的色彩运用

明快的色彩系统是现代产品设计价值体现的另一拓展面，对产品的风格有决定性的影响。现今许多厂商常利用同一造型，以不同色彩搭配来扩大市场需求规模，延长产品的生命周期。通常产品适宜的色彩运用表现为以下方面：1）以色彩结合形态对功能进行暗示，如电器的按钮或产品的某个部位用色加以强调，暗示功能；2）以色彩制约和诱导行为，如红色用于警示，绿色表示畅通，黄色表示提示；3）以色彩象征功能。

产品的特征属性往往是用色彩来体现的，反映的是产品的群体形象甚至关系到企业的形象和理念，所以产品色彩具有战略意义。通常产品色彩必须满足以下条件：1）用色彩表示产品属性（功能、形态、材质）；2）用色彩表示与产品属性和形象相适应；3）以色彩体现工作环境和生活环境的舒适性；4）所选用的色彩不仅适用于单位产品，还要适用于纵横系列中的产品群；5）使用公众持续看好的、富有生命力的色彩；6）色彩要体现企业的品质。日本是最热衷此种方法的国家，尤其在礼品、文具业更为显著。适当的色彩运用，不仅能够理性地传递某种信息，更重要的是以它特有的魅力激发起人们的情感反应，达到影响人、感染人和使人容易接受的目的。

另外，由于消费个体的不同，对色彩的喜好亦不尽相同，更由于地理、气候及文化的差异，而有所谓"民族色彩"的出现。色彩的表现与时代潮流紧密结合，从流行色彩中也反映了人类的心理状态和对社会文化的价值认同。设计师应该多留心观察社会的变化，体会时代中人心的变革，并精心整理、研究，这样才能掌握色彩流行有助于产品畅销。一位好的设计师，在设计之前必须考虑如下几点：1）产品的色彩需与使用环境相调和；2）产品需具备显示性格的色彩；3）产品需具备独自而能表达该设计的色彩；4）色彩随时代而变化。

7.2.2   产品设计中人的需求

产品的存在旨在解决问题，满足需求，并调和人与环境之间的关系。这就要求我们在设计的时候，在考虑产品的使用功能同时，更应考虑使用者的心理和生理等不同侧面需求。在展开设计的时候，不单只是单纯为产品而设计，而是首先将产品置于"人-产品-环境-社会"四个有机联合的系统中来审视，满足人的生理需求与文化需求，符合人体工学原理。以使用者为中心，这是最主要的。当然人是一个大概念，作为某项产品的设计与开发，多数是面向某一方面，例如，当今设计师面对明显的社会老龄化现象，应积极开发专供老年人使用的产品，以安全、方便、省力便于操作为设计方向。

7.2.2.1   人对物的需要

人对物的需要必须从下列 3 个方面进行研究：

（1）研究作为物质的人的生理特点——人体计量学、解剖学、人机工程学、行为科学等。使设计的产品与环境的诸因素满足人的生理的需求及不断变换的生活方式的需要。

（2）研究形成产品与环境的诸因素——材料、构造、工艺技术、价值分析、环境保护等，使产品与环境符合人的需求。

（3）研究产品的流通方式与结构因素——包装、广告、陈列、展示信息传递特点，沟通人与产品的反馈系统。

7.2.2.2　人对环境的需要

人对环境的需要，实质上是与"人对物的需要"密不可分的，因为任何一种环境都是以物质为基础的，因此，必须研究下列3个因素：

（1）审美功能——研究不同职业、年龄、地域、民族、性别的人或集团与阶层对造型、色彩的心理感受，受传统习俗的影响以及演变、发展的趋势。

（2）象征功能——研究人类的行为生存方式、理想、道德、哲学、社会学对人类心理影响。

（3）教育功能——研究语义学、论理学、教育学、心理学，把设计作为现代信息社会学习的新的方式来思考与研究。

总之，通过人对物、人对环境的需要研究，设计师应该确认产品设计的目的及目标，以避免本末倒置，过度拘于小节的处理或是求得形式上的满足，而忽略了人的需求中不同方面。未来是体现个性消费的时代，产品多样化会满足人的不同需求，让消费者按自己的意愿安排生活。人们期待电脑更快、更便宜、更有影响力，期待着电视能在音质、画质方面更进一步。这些反过来促使设计师以日新月异的变化来满足人们日益增长的物质需求和精神需求。

7.2.3　以人为本的人性化价值

"以人为本的人性化价值"是指设计师在设计产品时应充分考虑人的本身；"以人为本"的设计观念要求设计师开始把更多的目光从产品转移到产品的使用者——人，设计出更符合人性化的产品。数字化时代增强了社会的物质技术特点，在信息社会里，网络和虚拟社区并没有使人与人之间的关系变得更为密切，反而强化了个人孤独和私人化的生存方式。在竞争激烈的社会里，人们更需要有一个舒适方便、功能齐全的办公空间，在繁忙的工作后能够有一个处处贴心温馨、可以恢复疲惫身心的家。设计于是承载了对人类精神和心灵慰藉的重任。此外还应考虑到有关环保的绿色设计，使大自然的优美环境与人的生活更加和谐。特别是在专项设计的同时还应考虑该产品的普遍性。例如，强生公司的"独立3000"轮椅概念设计获得了2000年美国工业设计国会工业设计卓越奖的金奖，这种四轮工具采用了先进的陀螺仪平衡系统，可以非常方便地让使用者上下移动，上升高度与一个站立的成年人的视线高度一样，不仅可以使使用者拿到商店里的上层货架的货物，还可以爬马路牙子。不仅如此，这种轮椅还模糊了使用者的身份，因为健康人也可以使用它非常便利地取高处的东西。

当今社会人们追求人性化，摒除工业社会冷漠、呆板的同时，设计师应结合感性和理性的思维，创造产品新的生命及亲和性，以提升功能以外另一层面的价值"以人为本"。我们推出新的产品，并非创造一个全新的设计概念，而是合理地去解决面临的问题，而所谓的"合理"，对于当今时代应是渗透在产品设计中的"人性化"目标。即设计是一种把人们的思想赋予形态的工作，设计就是将所有的人造物赋予美好的目的并加以实现，优秀的设计是真善美的体现。

7.3　工业产品设计在企业中的地位与作用

企业文化基本上包括观念文化、产品文化和行为文化，即精神层面、物质层面和制度层面三个部分所反映出来的总和。在中国企业中，特别是大中型国有企业中，企业文化往往不是十分明确，缺乏个性，有的则流于空泛，很多企业需要进行文化的重新整合，否则会严重影响企业的长期发展。然而，目前企业在进行文化整合时，通常的做法是先从制度入手，然后提出口号，各部门齐抓共管、全员共建。我们认为企业文化的载体是产品，产品文化的关键是设计，因此企业文化整合过程的中心环节是设计。设计文化将观念文化、产品文化和行为文化融入其中，以统一的产品形象、统一的标识系统和统一的行为规范设计出全新的企业形象系统。

产品文化是企业文化的重要载体、主要的传播媒介和具体体现，同时也是优秀管理的结果和增强员工自信心、战斗力的最佳良药。如果说企业文化是企业的内核，那么产品文化则是包容其内核并向外包裹的种子，伴随着服务一同播撒。因此，泛泛地去谈企业文化，或以不当的拉扯和比对出来的企业文化，不仅会给客户带来反感，也会招来内部员工的一片嘘声。真正的企业文化不仅需要定位，同时更需要创造。企业文化是企业现实的抽象，它时有时无，距离我们的员工似乎太遥远。要想牢牢地把握企业文化，就需要转化，这好比科学原理如果没有技术设备就无法转化成为现实生产力一样。因此，只作文化口号，在中国的非家族式企业中收效甚微。

企业文化制定得过于理想化、空泛，对员工的影响力、号召力较弱，这势必影响企业的发展。

那么，殷实的企业文化是如何创造的呢？我们的员工如何才能成为这一文化的缔造者？怎样将企业文化融入内心并变成动力，施展才华，创造性地完成工作？这是现实中国大中型企业经营者和管理者最棘手的问题之一。

数控机床作为制造业的基础，它集中了计算机技术、电子技术、自动控制技术、传感测量技术、机械制造技术和网络通信技术等高新技术，创建了全新的生产方式、生产结构和管理方式，成为衡量一个国家制造业水平的核心标志。

中国是机床生产大国，但数控机床的产品竞争力在国际市场中仍处于较低水平，其主要因素除了制造水平、经营战略、产品质量和促销外，重要的问题是出在设计这一中心环节上。设计是科学技术转化为现实生产力的桥梁和产品质量的有力保证，企业各个部门、各个环节的交点。与传统的认识不同，本文所指的设计包括的内容很广，它既包括产品的结构设计、控制系统设计、装置设计等技术的应用，同时也包含外防护设计、造型设计、展示设计、包装运输设计等。各门类设计地位同等重要、统一协调，我们历经几次设计项目，发现中国各机床企业虽然重视设计，但并不重视全面的设计，设计对于企业的文化整合的作用没有得到充分的重视。

7.3.1　产品文化与企业文化

宏观的文化是人类实践的产物。现代汉语的"文化"一词，主要是英语 culture、德语 culture、法语 culture 的意译，同源于拉丁文 cultura，本义为"耕种、耕作"和"崇拜"。现代汉语辞典中"文化"有三个义项：1）人类创造的物质财富和精神财富的总和，特指精神财富；2）考古学用语，如仰韶文化；3）运用文字的能力和一般知识。由此可见，文化概念的基本词源包含了形而上与形而下的两极。耕作、耕种、饲养、培养、栽培体现的是形而下的内涵，崇拜、修养、教养、文明等则表达了行而上的内涵。文化有广义和狭义之分。广义文化指有史以来人类所有的创造物，包括物质文化、精神文化和行为文化。狭义文化指精神文化和行为文化。

所谓产品文化，是以企业生产的产品为载体，反映企业物质及精神追求的各种文化要素的总和，是产品价值、使用价值和文化附加值的统一。随着知识经济时代的到来，文化与企业、文化与经济的互动关系愈益密切，文化的力量愈益突出。这种文化色彩首先体现在企业的产品上。就是说，企业生产的产品绝不仅仅具有某种使用价值，不仅仅是为了满足人们的某种物质生活需要而生产，而且越来越多地考虑人们的精神生活需要，千方百计地为人们提供实用的、情感的、心理的等多方面的享受，越来越重视产品文化附加值的开发，努力把使用价值、文化价值和审美价值融为一体，突出产品中的人性化含量。换言之，企业产品不仅是技术和工具的产物，而且是员工崇高理想和自觉奉献精神的结晶；不仅凝结着一般的抽象的人类劳动，而且凝聚着职工无限的创造力，是企业员工群体特定的价值观、思维模式和心理的、知识的、能力的综合素质的体现。说到底，产品深深地打着企业文化的烙印，两者相融相合。

一定的产品文化必然反映一定的设计文化，而一定的设计文化与它所处的社会文化背景是紧密联系的，也与生产或提供它的企业文化密不可分。产品文化是社会文化与企业文化共同作用的产物，在社会文化背景相对稳定的情况下，产品文化更多地体现的是企业文化的内容。产品文化是直接作用于社会广大的消费者，消费者更多地是从产品或服务的消费中来体验企业文化的。消费者对其企业的认同和对企业文化的认同，是通过接受其产品与蕴涵在其服务中的产品文化来实现的。

产品文化与企业文化紧密联系。产品或服务是企业生产的成果，任何一种产品和服务都是在企业中生产和形成的，既受到一定的企业文化制约，又凝聚了生产企业的文化因素。因此，产品文化是企业文化的重要组成部分，也是企业文化的一种体现。换句话说，企业的精神、风格和价值标准将在企业所提供的具体的产品和服务之中得以体现。这正是我们在强调企业文化建设时，同时强调产品文化的原因之所在。

工业设计的目的，是通过物的创造满足人类自身对物的各种需要，这与文化的目的不谋而合："文化就是人类为了以一定的方式来满足自身需要而进行的创造性活动。"尽管两者在满足"需要"的范围上不能等同，但工业设计思想在指导物的创造、满足人类自身对物的各种需要上，都深刻地反映了文化的目的。

7.3.2 工业设计在企业文化整合中的作用

7.3.2.1 工业设计不断调整企业内部的组织关系

工业设计与传统产品设计的区别是：传统的产品设计的程序分为编制技术任务书、技术设计和工作图设计三个阶段，故称为三段式设计。传统的产品设计也在不断地完善和发展，从对新产品提出设计要求开始，要经历研究、试验、设计、制造、安装、使用和维修等7个环节，但仍然是从技术性能着手。工业设计是以现代科学技术的成果为基础，研究市场显在和潜在的需求，分析人的生存、生活、生理和心理需求。以消费需求（潜在和显在）为出发点，提出设计构思，分步解决结构、材料、形态、色彩、表面处理、装饰、工艺、包装、运输、广告直至营销、服务等设计，涉及内容的广度和维度都有所增加。两者的主要区别在于：

（1）设计的中心不同。工业设计把消费者及其需求放在中心，把市场放在首位，是面向消费者、面向市场的设计；传统的产品设计是把技术经济指标和功能放在中心，是技术设计或功能设计。

（2）解决的关系不同。传统的产品设计解决的是"物与物"之间的关系，更多地应用科技的自然规律，更多地解决产品的内在质量，纯属技术内容；而工业设计主要不是解决"物与物"之间的关系，而是主要解决"人与物及环境"的关系问题，如果涉及"物与物"的关系，也要服从"人与物"关系去选择，采用合适的"物与物"的关系。由此可见，工业设计是站在消费者和市场的更高层次去设计，去统筹和综合其他设计（包括技术设计在内），在更多地表现人的生活方式的创新上，更多地解决产品外在品质和人的感受上，实现产品形式和内容的统一。因此，工业设计是根据消费者愿望和市场的需求，不仅要应用已有的科学技术成果和技术设计，而且要应用文化艺术的成果，以便更合理地解决人与物的关系，满足消费者需要，以引导市场、创造市场。

（3）涉及的知识不同。传统的产品设计侧重于技术、结构、性能、工艺等设计，所以设计手册、各种资料数据成为必备的工具，设计只是对现成资料进行选择，缺乏创新，缺少针对性。工业设计不仅包括技术知识的含量，还重视消费心理学、人机工程学、生态学、创造学、技术美学、文化艺术、市场学等有关知识的渗入，并追随消费趋向，预测潜在需求，将科学与美学、技术和艺术、需求与趋势等综合起来，突出了创新，针对目标市场进行产品定位。这使产品设计成为有活力、有魅力、有竞争力的创新工作，从而提高了产品附加值，有利于创造名牌产品、创立明星企业。

由于工业设计与传统产品设计在性质、原则以及工作流程等方面存在着差异性，在工业设计的介入下，企业内部的组织关系将发生相应的改变。以往生产与销售脱节、设计与消费需求脱节、企业各部门相对独立、管理越管越乱的现象将不复存在，各部门的联系得到了加强。原材料的选择、结构的处理都紧紧围绕产品的最终目的——为人服务——这一宗旨，产品形态、色彩、表面处理、装饰、工艺、包装、运输、广告直至营销服务等存在的问题都将在设计这一中心环节得到了统一协调。因此，工业设计是企业制度改革、管理机制革新、技术创新模式调整之后又一个新的切入点，使得工业设计师在建立起良好的产品形象和企业形象方面发挥作用。

7.3.2.2   设计不断调整企业与市场的关系

工业设计是商品经济的产物，它具有刺激消费、增强市场竞争力的作用，不仅对企业是如此，对于一个国家在世界经济格局中的地位也是如此。实际上，正是企业在设计和市场开发方面的决策，决定了有形资产的价值。它有两方面的意义：一方面它是投资于新产品，另一方面也是投资于企业在日新月异的科技信息时代的生存能力。不断出现的新技术、新材料、新需求，要求工业设计赋予其适当的形态，从而推向市场。如 SONY 公司、PHILIPS 公司等许多由于新产品开发而获得巨大成功的企业，他们在产品设计上的出色表现，就是一个很好的例证。

工业设计是使产品增值的手段，企业重视和使用工业设计的最根本的目的，是提高企业的经济效益。一方面，通过工业设计可以提高企业产品的市场占有率，从规模效应中提高企业经济效益；另一方面，也可以通过工业设计有效地提升产品的附加值，从每一件产品中获得更多的利益。附加价值是企业得到劳动者的协作而创造出来的新价值，是从销售额中扣除了原材料费、动力费、设备等折旧费、人工费、利息等费用以后的剩余部分。产品的附加价值越高，企业获得的利润就越高。企业提高产品附加价值的手段是多方面的，如独特的材料和技术，限量生产，特殊的纪念意义，鲜明的历史，文化特色等。通过工业设计，使产品外形具有鲜明个性和社会地位象征性等美学及心理价值，围绕所设计的产品进行广告设计、包装设计、产品形象策划及展示设计等一系列设计，创造出优质、名牌、可信的企业及产品形象，也是提高产品附加值的重要而直接的手段。

7.3.2.3   经过设计整合后的企业文化更具行业竞争力

工业设计是一种综合过程，将自然与社会、物质与精神、物与人、人与人等各个因素按照一定的形式结合在一起，因此经过设计整合后的企业文化内容更丰富、形式更多样。此外，工业设计是科学技术、文化艺术相交叉的边缘学科，因此具有科学技术特性、文化艺术特性、经济特性和政治特性等多重社会属性，这将使工业设计在企业生产和市场运行中处处发挥作用，凸显企业文化张力。

企业间的竞争实质上是文化的竞争，特别是国际间的竞争更是如此。企业的文化价值取向、产品的服务宗旨成为优胜劣汰的标准。经过设计整合后的企业文化无论是在物质层面，还是在精神层面，都具有领先性，使产品与人、产品与社会、产品与自然的关系更合理，成为引领行业发展的先锋。

7.3.3 工业设计将地域文化、全球文化高度融合

当现代思想与独具特色的异质性区域文化交汇时，能够从其矛盾冲突中设法开创出更具特色的新文化，这是中国企业乃至整个发展中国家都要进行思考的问题。21世纪是一个"求同与求异"的时代，是全球化与区域化两大趋势共同发展的时代。我们反对的并不是全球现代化的进程，而是反对20世纪形成的"去除多样性而追求均等性，去除特殊性而追求一般性"的价值理念，因为这种价值观破坏了地球上许许多多的区域性文化。在地域中的文化积淀与区域间的文化传播中，产品是重要的文化信息载体和传播媒介。如唐宋时期的丝绸和瓷器，经过丝绸之路产生了世界性的影响。因此，无论时代如何发展，保存和发展长久以来孕育出的区域性文化并推广至全世界，始终是设计师的历史使命。

文化是重新理解国家职能、企业产品功效价值的另一个维度，工业设计学科的特性就决定了工业设计师可以从经济的、政治的、社会的、技术的、艺术的、环境的以及人与人之间的等等能够纳入文化范畴的各个侧面和维度，去进行综合研究和探索，规划和设计出高度融合、正确反映企业文化、地域文化、全球文化的全新产品，为人类的进步与发展、为文化的传播与进化做出贡献。

7.3.4 工业设计将企业内部和外部各种价值观整合

人类的造物历程大致经历了实用主义阶段、功能主义阶段、人格主义阶段和价值判断阶段等。工业设计在自身发展一百多年的时间和空间演化过程中，将审美与技术统一，要求日常用品艺术化和审美化，要求工业产品满足普通人的实用和兴趣。工业设计把市场需求和使用者的利益放在首位。在企业的生产活动中，企业生产的目的是追求利润，利润的大小是企业经营成败的标志。只有通过设计才能协调消费者与企业之间的矛盾。合理的设计不仅能给用户带来满意的产品，而且可以降低产品成本，增加企业效益。

设计从现实出发，着眼于未来。人创造了文化，文化也造就着人。工业设计为建造和谐社会、共创人类文明发挥着重要作用。设计作为人类生存与发展过程中的创造性活动，本质上也是人类的一种文化活动。因此，研究设计与文化的关系，研究设计的文化性质、文化特征、文化构成与文化要素等，首先在本质上揭示出人类设计活动的动机、目的与原则。马克思有句格言："哲学家们只是用不同的方式解释世界，而问题在于改变世界。"研究设计文化与哲学性质的另一个目的，在于使人们能从哲学视点的高度，瞄准21世纪的需要，观察设计及分析设计，从而全面地认识设计、理解设计，把握工业设计的未来。这对于研究工业设计、应用工业设计及创造美好的未来都是十分重要的。

总之，工业设计使企业理念得以"感性显现"，为文化传播提供方式，并决定着最后的效果。设计的价值取向决定着企业文化的方向，工业设计为企业新文化的创造提供了空间，并在文化的演进过程中起着重要的推进作用。这一切都体现了人"按照美的规律来建造"的本质特征。

参 考 文 献

1　朱希祥．当代文化的哲学阐释．上海：华东师范大学出版社，2006

2　章利国．现代设计美学．郑州：河南美术出版社，1999

3　王受之．世界现代设计史．新世纪出版社，1995

4　阿诺德·汤因比［英］．历史研究．上海：上海人民出版社，1986

5　黑川雅之［日］．世纪设计提案．上海：上海人民美术出版社，2003

6　杨正．工业产品造型设计．武汉：武汉大学出版社，2003

7　谢庆森．工业造型设计．天津：天津大学出版社，1997

8　吴永建，王秉鉴．工业产品形态设计．北京：北京理工大学出版社，2003

9　闫卫．工业产品造型设计程序与实例．北京：机械工业出版社，2003

10　李奎贤．工业设计概论．沈阳：东北大学出版社，2002

11　李亦文．产品设计原理．北京：化学工业出版社，2003

12　马丽．工业造型设计．武汉：湖北美术出版社，2001

13　宫六朝．工业造型艺术设计．石家庄：花山文艺出版社，2002

14　庞志成．工业造型设计．哈尔滨：哈尔滨工业大学出版社，2007

15　陈炜．工业造型设计举一反三．南昌：江西美术出版社，2002

16　刘永翔，阮宝湘．论工业产品造型设计发展新趋势．装饰，2003 年第 11 期

17　李伟新．产品设计的造型语言．美术学报，2001

18　张立，高京．产品造型语言研究．包装工程，2007

19　赵世学．工业产品造型的构成方法及发展取向．包装工程，2006

20　付野．乾陵雕刻的造型语言．东方艺术，2005

21　孙红，宋奔．工业设计与工业产品造型设计．艺术教育，2004

22　罗仕鉴，朱上上．用户的产品造型风格感性认知研究．包装工程，2005

23　刘涛．工业设计概论．北京：冶金工业出版社，2006

冶金工业出版社部分图书推荐

书　名	作　者	定价(元)
工业设计概论(本科教材)	刘　涛　主编	26.00
计算机辅助建筑设计——建筑效果图设计	刘声远　等编	25.00
艺术形态构成设计	赵　芳　编	38.00
机械振动学(本科教材)	闻邦椿　等编	25.00
机电一体化技术基础与产品设计(本科教材)	刘　杰　等编	38.00
机械电子工程实验教程(本科教材)	宋伟刚　等编	29.00
机器人技术基础(本科教材)	柳洪义　等编	23.00
机械优化设计方法(第3版)(本科教材)	陈立周　主编	29.00
机械制造装备设计(本科教材)	王启义　主编	35.00
机械可靠性设计(本科教材)	孟宪铎　主编	25.00
机械故障诊断基础(本科教材)	廖伯瑜　主编	25.80
现代机械设计方法(本科教材)	臧　勇　主编	22.00
液压传动(本科教材)	刘春荣　等编	20.00
液压与气压传动实验教程(本科教材)	韩学军　等编	25.00
现代建筑设备工程(本科教材)	郑庆红　等编	45.00
机械制造工艺及专用夹具设计指导(本科教材)	孙丽媛　主编	14.00
环保机械设备设计(本科教材)	江　晶　编著	45.00
真空获得设备(第2版)(本科教材)	杨乃恒　主编	29.80
真空技术(本科教材)	王晓冬　等编	50.00
真空镀膜技术	张以忱　等编	45.00
真空镀膜设备	张以忱　等编	45.00
真空工艺与实验技术	张以忱　等编	45.00
真空低温技术与设备	徐成海　等编	45.00
CATIA V5R17 高级设计实例教程	王　霄　等编	35.00
CATIA V5R17 工业设计高级实例教程	王　霄　等编	39.00
CATIA V5R17 典型机械零件设计手册	王　霄　等编	39.00
网页设计项目式实训教程(综合实例篇)(高职高专)	尹　霞　主编	24.00